乙級數位電子術科解析(使用 Verilog)

張元庭　編著

全華圖書股份有限公司

國家圖書館出版品預行編目資料

乙級數位電子術科解析(使用 Verilog) / 張元庭編
著. – 二版. -- 新北市：全華圖書股份有限公
司, 2024.07
　　面；　公分
　　ISBN 978-626-401-061-0(平裝)
　　1.CST: 電子工程　2.CST: 電路　3.CST:
Verilog(電腦硬體描述語言)
448.6　　　　　　　　　　　　　113009865

乙級數位電子術科解析(使用 Verilog)

編著者／張元庭

發行人／陳本源

執行編輯／張峻銘

出版者／全華圖書股份有限公司

郵政帳號／0100836-1 號

圖書編號／0651001

二版一刷／2024 年 7 月

定價／新台幣 420 元

ISBN／978-626-401-061-0(平裝)

全華圖書／www.chwa.com.tw

全華網路書店 Open Tech／www.opentech.com.tw

若您對本書有任何問題，歡迎來信指導 book@chwa.com.tw

臺北總公司(北區營業處)
地址：23671 新北市土城區忠義路 21 號
電話：(02) 2262-5666
傳真：(02) 6637-3695、6637-3696

南區營業處
地址：80769 高雄市三民區應安街 12 號
電話：(07) 381-1377
傳真：(07) 862-5562

中區營業處
地址：40256 臺中市南區樹義一巷 26 號
電話：(04) 2261-8485
傳真：(04) 3600-9806(高中職)
　　　(04) 3601-8600(大專)

作者序

從 2013 年開始數位電子乙級術科試題分為兩題，分別為四位數顯示裝置與鍵盤輸入顯示裝置。檢定當天抽一題為測驗題目，電路線路的佈局採取電腦繪圖軟體 (Kicad) 來完成，CPLD 部分則可使用繪圖法或硬體描述語言。

本書電路繪圖是使用免費的 Kicad 軟體，由於檢定時間有限，電路繪圖是以單面板佈線為主，只需在 CPLD 規劃好腳位即可，可使檢定人員減少焊接裝配時間。

第一章為檢定應檢須知說明，第二章可學習電路繪圖軟體 (Kicad) 基礎概念，而第三章為試題一四位數顯示裝置的電路繪圖教學，第四章為試題二鍵盤輸入顯示裝置教學，只要循著操作步驟便可以順利學會檢定電路繪圖。

而本書 CPLD 電路是以硬體描述語言完成，使用繪圖法方式是可以完成檢定測驗，但是在電路化簡部分容易出錯，且電路較龐大，所以建議使用硬體描述語言方式來完成，故第五章介紹 Verilog 基本的語法，第六、七章則說明檢定兩題所需要的電路方塊，再針對其方塊做 Verilog 程式撰寫，另外本書也提供 VHDL 程式，讓熟悉 VHDL 的讀者也可以參考學習。

編輯部序

　　「系統編輯」是我們的編輯方針,我們所提供給您的,絕不只是一本書,而是關於這門學問的所有知識,他們由淺入深,循序漸進。

　　本書電路佈局採用電腦繪圖軟體 (Kicad) 來完成,CPLD 部分則可使用硬體描述語言來執行,能讓讀者多元了解數位邏輯的設計及實際應用。

　　第一章為檢定應檢須知說明,第二章可學習電路繪圖軟體 (Kicad) 基礎概念,而第三章為試題一四位數顯示裝置的電路繪圖教學,第四章為試題二鍵盤輸入顯示裝置教學,第五章介紹 Verilog 基本的語法,第六、七章則說明檢定兩題所需要的電路方塊,且附錄提供 VHDL 程式,讓熟悉 VHDL 的讀者也能參考學習。

　　本書適用於科大、技高資訊、電子科系學生及欲參加乙級數位電子技術士考試人員參考使用。

Contents

數位電子乙級技能檢定
應檢須知

這章節主要介紹數位電子乙級技能檢定的規則說明，檢定前讀者必須先知道檢定的規則，在準備時候可以針對規則與評分標準做練習，方可順利取得證照，詳細的應檢須知可至勞動部技能檢定中心網站下載或掃 QR Code 下載查看。

進入檢定參考資料網站如下圖所示，在數位電子乙級有兩個檔案可下載，一為術科測試應檢人參考資料，另一為檢定用 KiCad 符號庫與封裝庫，解壓縮後可放置電腦桌面上。

1-1 試題使用說明

一、本套試題依「試題公開」方式命題，共分兩大部分：

　（一）　第一部分為全套題庫，包含：1.試題使用說明、2.辦理單位應注意事項、3.監評人員應注意事項、4.應檢人須知、5.工作規則、6.應檢人自備工具表、7.試題編號及名稱表、8.試題、9.評審表、10.時間配當表等十部分。

　（二）　第二部分為術科測試應檢人參考資料，包含：1.試題使用說明、2.應檢人須知、3.工作規則、4.應檢人自備工具表、5.試題編號及名稱表、6.試題、7.評審表、8.時間配當表等八部分。

二、主辦單位應將全套試題於術科測試協調會前，派送術科測試辦理單位使用。

三、術科測試辦理單位於測試 14 日前 (以郵戳為憑) 寄送第二部分「術科測試應檢人參考資料」，含術科測試場地機具設備表儀器廠牌及型號 (附錄 1)，一併給報檢人參考。

四、術科測試辦理單位應於聘請監評人員通知監評工作時，將全套試題電子檔寄給各監評人員參考。

五、本套試題共有 2 題 (試題編號：11700-110201-2)，術科測試時間 6 小時 (含檢查材料時間)。

六、試題抽題規定：

　（一）　由監評人員主持公開抽題 (無監評人員親自在場主持抽題時，該場次之測試無效)，術科測試現場應準備電腦及印表機相關設備各 1 套，術科測試辦理單位之試務人員依應檢人數設定試題套數並事先排定於工作崗位上 (每題均應平均使用)，依時間配當表辦理抽題，將電腦設置到抽題操作介面，會同監評人員、應檢人，全程參與抽題，處理電腦操作及列印簽證 (測試列印用紙監評人員需事先簽證，若有列印失誤，應檢人需拿原先列印失誤者更換列印用紙) 事項。應檢人依抽題結果進行測試，遲到者或缺席者不得有異議。

（二） 每一場次術科測試均應包含所列試題 2 題，測試當場由該場次術科測試編號最小號應檢人為代表抽籤（遲到者，依順序遞補術科測試編號最小號應檢人代表抽籤），籤條項目分 3 次抽選：

1. 抽試題編號：抽籤代表人抽出其中 1 題試題應試（術科測試編號最小號應檢人依抽定試題的第一個崗位入座），其餘應檢人則依術科測試編號之順序（含遲到及缺考）接續依各崗位所對應之試題編號進行測試。

2. 抽子板指定接腳：由 A－E 共 5 種組合抽 1 組測試；非指定接腳由應檢人自行規劃。

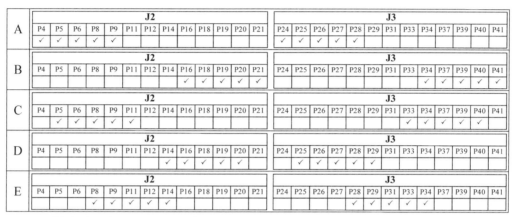

		J2													J3											
	P4	P5	P6	P8	P9	P11	P12	P14	P16	P18	P19	P20	P21	P24	P25	P26	P27	P28	P29	P31	P33	P34	P37	P39	P40	P41
A	✓	✓	✓	✓	✓									✓	✓	✓	✓	✓								
B									✓	✓	✓	✓	✓									✓	✓	✓	✓	✓
C		✓	✓	✓	✓	✓															✓	✓	✓	✓	✓	
D								✓	✓	✓	✓	✓			✓	✓	✓	✓	✓							
E				✓	✓	✓	✓	✓											✓	✓	✓	✓	✓			

3. 抽七段顯示器顯示內容：由 J－N 共 5 種組合抽 1 組測試。

組合	試題一	試題二 "＊" 鍵	試題二 "＃" 鍵
J	應考日期　崗位編碼		
K	崗位編碼　術科測試編號後2碼		
L	試題編號　術科測試編號後3碼		
M	術科測試編號後3碼　試題編號		
N	崗位編碼　應考日期		

七、術科測試辦理單位應按應檢人數準備材料，每場次每一試題各備份材料 1 份。

八、術科測試辦理單位應依術科測試場地機具設備表，備妥各項機具設備及儀表等提供應檢人使用。

1-2 技術士技能檢定數位電子乙級術科測試應檢人須知

一、本檢定內容為按試題之要求，以電腦輔助電路佈線軟體及晶片電路設計軟體，進行檢定電子電路之電路板佈局設計及電路功能設計，並分別完成電路圖、零件佈置圖、佈線圖及晶片電路設計。依據佈線完成之零件佈置圖及佈線圖進行焊接組裝及測試，完成試題所要求之成品，測試時間為 6 小時 (含檢查材料時間)，其工作要點如下：

（一） 應檢人應於資料碟 (如 D 槽) 中，建立兩個資料夾：

第一個資料夾名稱為：崗位編號 _Layout，放置電路圖與佈線圖設計專案。

第二個資料夾名稱為：崗位編號 _CPLD，放置 CPLD 電路設計專案。

（二） 依照「電腦製圖規則」，應檢人必須將完成的零件佈置圖及佈線圖列印成書面資料，提供監評人員進行比對評分。

（三） 依照「焊接規則」、「裝配規則」，使用供給材料及必要工具等，完成試題規定之焊接組裝及動作要求之成品。

二、注意事項：

（一） 測試開始 15 分鐘內未入場之應檢人視為缺考，不准進場應檢。凡故意損壞公物與設備，除應負賠償責任外，一律取消應檢資格。

（二） 由監評人員主持公開抽題 (無監評人員親自在場主持抽題時，該場次之測試無效)，術科測試現場應準備電腦及印表機相關設備各 1 套，術科測試辦理單位之試務人員依應檢人數設定試題套數並事先排定於工作崗位上 (每題均應平均使用)，應依測試時間配當表辦理抽題，並將電腦設置到抽題操作介面，會同監評人員、應檢人，全程參與抽題，處理電腦操作及列印簽證 (測試列印用紙監評人員需事先簽證，若有列印失誤，應檢人需拿原先列印失誤者更換列印用紙) 事項。應檢人依抽題結果進行測試，遲到者或缺席者不得有異議。試題抽題方式請詳閱術科測試試題使用說明之試題抽題規定。

（三） 應檢人依應自備工具表自行攜帶所列工具，未完全自備者得向術科測試辦理單位借用，但每項扣 10 分。

（四） 測試用列印用紙、CPLD 零件及二片電路板等均應有監評人員簽證，方為有效。

（五） 術科測試辦理單位準備有 CPLD 測試板，可利用電腦桌面上 CPLD I/O 接腳測試板之燒錄檔 (SKC_DEtest.pof) 確認取得 CPLD 各 I/O 接腳功能正常。相關檔案可至「技能檢定中心全球資訊網 / 技能檢定 / 檢定試題與參考資料 / 測試參考資料」處下載。

（六） 應檢人不得使用網路進行試題規定輸出列印以外的資料傳送或接收作業，一經發現即視為作弊，以不及格論處。

（七） 應檢當日所使用的測試試題由術科測試辦理單位提供，應檢人不得夾帶試題、任何圖說、零件或材料進場，亦不得將試場內之試題、任何圖說、器材或配件等攜出場外，一經發現即視為作弊，以不及格論處。

（八） 應檢人不得接受他人協助或協助他人 (如動手、講話及動作提示等)，一經發現即視為作弊，雙方均以不及格論處。

（九） 通電檢驗若發生短路現象 (如無熔絲開關跳脫或插座保險絲熔斷者)，即應停止測試，不得重修，並以不及格論。

（十） 應檢人未經監評人員允許私自離開試場或經允許但離場逾 15 分鐘不歸者，以不及格論。

（十一） 測試開始應檢人應關閉電子通訊裝置且不得攜至崗位，一經發現即視為作弊，以不及格論處。

（十二） 有「技術士技能檢定作業及試場規則」第 48 條規定情事之一者，予以扣考，不得繼續應檢，其已檢定之術科測試成績以不及格論。

（十三） 在測試開始後 30 分鐘內應自行檢查及清點器具、設備、材料，如有毀損、不良及短缺者，應立即提出更換或補發，並由監評人員立即處理，測試開始 30 分鐘後，不得再提出疑義。

（十四） 每更換一零件，按評審表規定扣分。

（十五） 應檢人於測試完畢或離開前，應作適當之現場清理工作，否則按評審表規定扣分。

（十六） 應檢人於術科測試結束後，應將成品、圖件及未用完之測試材料等繳交監評人員；中途離場者，亦同。繳件出場後，不得再進場。

（十七） 場地所提供機具設備規格，係依據數位電子職類乙級術科測試場地及機具設備評鑑自評表最新規定準備，應檢人如需參考可至「技能檢定中心全球資訊網 / 合格場地專區 / 術科測試場地及機具設備評鑑自評表」處下載。

（十八） 未盡事宜，依據技術士技能檢定及發證辦法、技術士技能檢定作業及試場規則等相關規定辦理。

附錄 1：數位電子乙級術科測試場地機具設備表儀器廠牌及型號

項次	名稱	廠牌型號	備 註
1	示波器		
2	電源供應器		
3	個人電腦 (PC)		
4	晶片電路設計軟體 (EDA Tools)		
5	電腦輔助電路佈線軟體 (PCB Layout)		
6	列印方式	☐ USB 隨身碟，共用印表機 ☐ 個人印表機 ☐ 網路印表機	

註 應檢人測試時應使用術科測試辦理單位提供之軟體與設備，事後不得提出異議。

術科測試辦理單位：＿＿＿＿＿＿＿＿＿＿＿＿＿＿＿＿＿＿＿＿＿＿＿＿＿＿＿（戳章）

附錄 2：技術士技能檢定數位電子乙級 CPLD I/O 接腳測試板參考線路圖

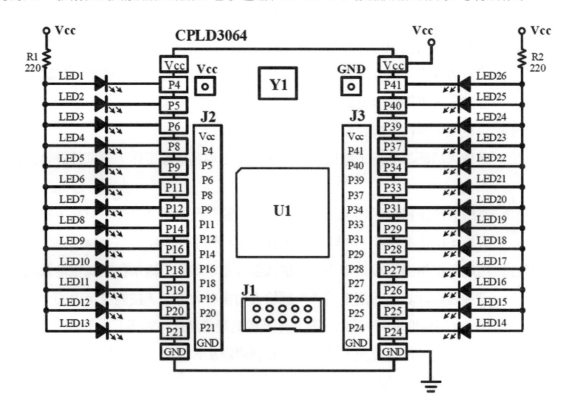

1-3 技術士技能檢定數位電子乙級術科測試工作規則

為求評分一致性，提供下列電子工作法之規則；「電腦製圖規則」、「焊接規則」及「裝配規則」。各規則的規定項次前加註之符號意義如下：

符號	說明
×	規定在評審表為不予評分者。
☆	規定在評審表為扣 10 分者。
○	規定在評審表為扣 2 分者。

一、電腦製圖規則

符號	項次	說明
×	1.	零件佈置圖與佈線圖 (需存成 PDF 檔供監評人員檢核)，列印應以原尺寸 (1：1) 列印，否則不予評分。
×	2.	零件佈置應平均分佈於電路板上，零件安裝後之外緣不得超出母板，否則不予評分。
☆	3.	未依規定建立資料夾，每項扣 10 分。
☆	4.	零件佈置圖與佈線圖右下角的繪製者資訊需設定，包含術科測試編號 - 崗位編號 (標註於圖框的 Title)、測試日期 (標註於圖框的 Date)，不完整每項扣 10 分。 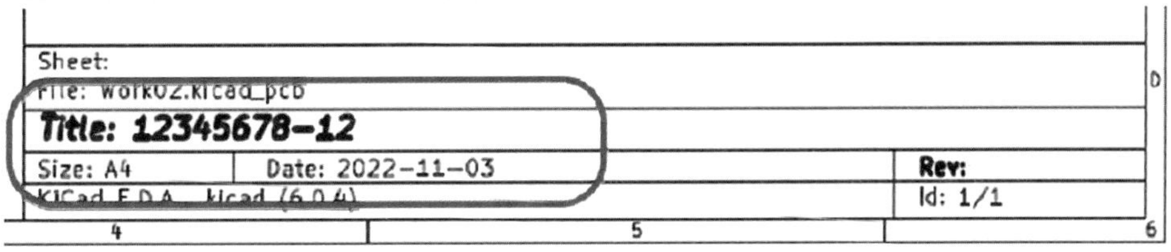 Sheet: File: work02.kicad_pcb Title: 12345678-12 Size: A4　　Date: 2022-11-03 KiCad E.D.A. kicad (6.0.4)　　Rev:　Id: 1/1 4　　5　　6
○	5.	零件代號標示應與母板材料表之編號相符。
○	6.	佈線圖中之佈線應與圖邊緣成水平或垂直，折角應 90 度或 135 度。

二、焊接規則

符號	項次	說明
×	1.	焊接面必須使用裸銅線，裸銅線之間距不得小於萬用電路板的兩個點距 (0.1 吋)，否則不予評分。
○	2.	元件所有接腳均需焊接，焊接可採用先焊後剪接腳，或先剪接腳再焊，但接腳餘長不得超過 0.5mm，端子、連接器之接腳不需剪除。
○	3.	焊錫應佈滿銅箔面之零件接腳圓點內，裸銅線轉折處應焊接，且直線部分兩焊接點間之空點不得超過 4 個。
○	4.	焊接時焊錫量應適中，如下圖所示，焊點必須圓滑光亮不得有焦 黑、錫面不光滑、冷焊、氣泡⋯等現象。 註：A 為 PC 板、B 為裸銅線。 (a) 焊錫量過多　　(b) 焊錫量適中　　(c) 焊錫量不足
○	5.	焊接表面黏著元件 (SMD) 時，焊錫量應與元件呈現良好浸潤狀態，焊錫最大高度可以高過元件，但不能超出金屬端延伸到元件體上。 (a) 良好　　(b) 焊錫過多　　(c) 焊錫浸潤不足
○	6.	焊接時不得使銅箔圓點脫落或浮翹。

三、裝配規則

符號	項次	說明
×	1.	電路連接所需之跳線長短可自行剪裁，但應裝置於電路板零件面，銅箔面不得使用跳線或零件，零件面可使用跳線但不得跨過零件或其他跳線，電路板兩面不得用導線繞過板外緣連接，否則不予評分。
×	2.	萬用板上零件安裝之位置需與繪製之「零件佈置圖」相同。
○	3.	萬用板成品需與 PCB 佈線圖完全相同，兩者不一致時每條接線 (元件接腳與接腳間的接線) 扣 2 分。
○	4.	電阻器安裝於電路板時，色碼之讀法必須由左而右，由上而下方向一致。
○	5.	被動零件裝配應與電路板密貼，電晶體需與電路板留有 3 ～ 5mm 之高度。
○	6.	IC、鍵盤、石英振盪器及七段顯示器均需使用腳座，不可直接焊於電路板上，腳座應與電路板密貼。
○	7.	零件接腳彎曲後不得延伸至銅箔圓點邊緣外。
○	8.	母電路圖的塑膠銅柱應完成組裝。

1-4 技術士技能檢定數位電子乙級術科測試應檢人 應自備工具表

項次	名稱	規格	單位	數量	備註
1	剝線鉗	1.66mm 以下	支	1	
2	起子	固定銅柱用	支	1	
3	尖嘴鉗	電子用	支	1	
4	斜口鉗	電子用	支	1	
5	鑷子	SMD 零件使用	支	1	
6	三用電表	數位 / 類比皆可	只	1	
7	電烙鐵	含烙鐵架及海綿	套	1	
8	吸錫器	真空吸力	支	1	
9	文具	藍色或黑色原子筆	只	1	

※ 應檢人向術科測試辦理單位借用本表各項工具時，每借用一項工具扣分 10 分。

1-5 技術士技能檢定數位電子乙級術科測試試題編號 及名稱表

試題	試題編號	名稱	備註
一	11700-110201	四位數顯示裝置	
二	11700-110202	鍵盤輸入顯示裝置	

1-6 技術士技能檢定數位電子乙級術科測試時間配當表

每一檢定場，每日排定測試場次 1 場；程序表如下：

時間	內容	備註
08：00 － 08：30	1. 監評前協調會議 (含監評檢查機具設備) 2. 應檢人報到完成	
08：30 － 09：00	1. 應檢人自行抽定應檢位置 2. 術科測試場地之軟、硬體機具設備、供給材料及應自備工具等作業說明 3. 測試應注意事項說明 4. 應檢人試題疑義說明 5. 應檢人檢查軟、硬體機具設備及器材 6. 其他事項	
09：00 － 12：00	上午測試	上、下午共 6 小時
12：00 － 13：00	休息用膳	
13：00 － 16：00	下午測試 (續)	上、下午共 6 小時
16：00 － 17：00	監評人員進行評分、成績統計及登錄	
17：00 － 17：30	檢討會 (監評人員及術科測試辦理單位視需要召開)	

CHAPTER 2

電路繪圖軟體介紹

2-1 下載與安裝軟體

　　KiCad 是一款用於印刷電路板設計的開源自由軟體，是由法國人 Jean-Pierre Charras 於西元 1992 年推出，現由世界各地的軟體和電氣工程師組成志願者團隊開發維護。支援多達 32 個銅層的 PCB，適合建立各種複雜的設計。KiCad 有成千上萬符號、封裝和 3D 模型，具有高品質的元件庫。KiCad 支援英語、法語、德語、意大利語、中文、日語、韓語等 22 種語言版本，也是一套免費的電路繪圖軟體，可以在 Windows/Linux/Mac 等作業系統下操作，具有跨平台的特性。KiCad 6.0 版本支援 Windows 8.1、10 and 11 作業系統，讀者可以到官方網站 https://www.KiCad.org/ 下載軟體。

步驟 1　進入官方網站後，點選 Download，如圖 2-1 所示。

圖 2-1　KiCad EDA 網站首頁

步驟 2　進入到 Download 頁面，點選自己使用的作業系統環境，如圖 2-2 所示為使用 Windows 系統環境。

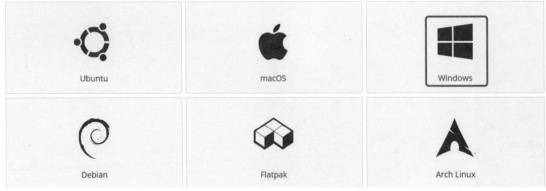

圖 2-2　Download 使用 Windows 系統環境

步驟 3 點選任一個伺服器下載，居住亞洲者可以選阿里云下載，如圖 2-3 所示。

圖 2-3　選擇伺服器下載

步驟 4 之後會出現下載的狀態，檔案約 1GB，讀者可視自己經濟狀況給予 KiCad 團隊捐款打賞，完成下載後，就可以安裝軟體，如圖 2-4 所示。

圖 2-4　下載與捐款頁面

步驟 5 ▶ 安裝 KiCad，點擊已下載好的 KiCad 安裝檔，如圖 2-5 所示。

kicad-6.0.7-x86_
64

圖 2-5　KiCad 安裝檔

步驟 6 ▶ 點選下一步，如圖 2-6 所示。

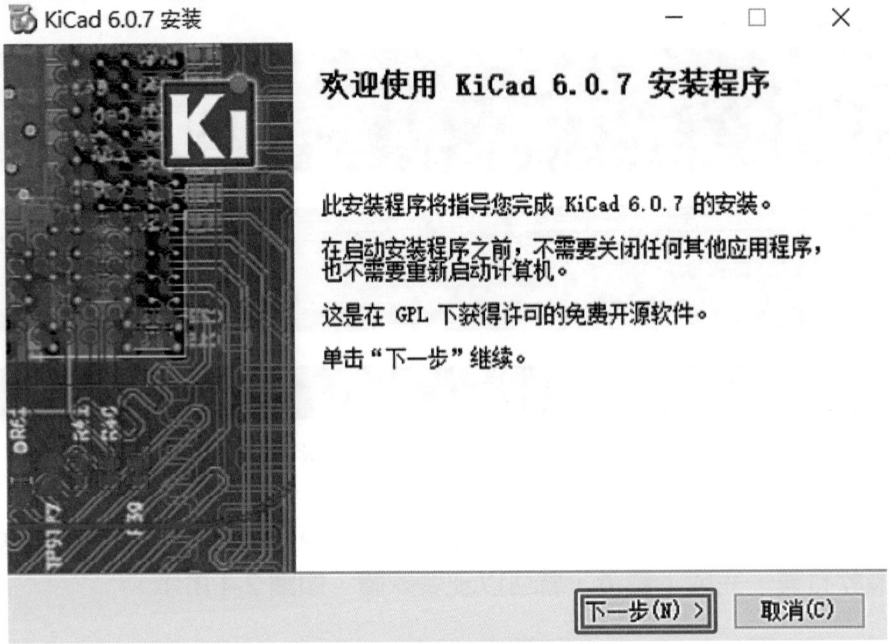

圖 2-6　KiCad 安裝程序

步驟 7 ▶ 選擇組件，按下一步，如圖 2-7 所示。

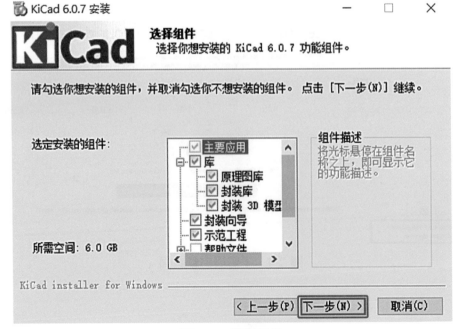

圖 2-7　選擇組件

步驟 8 選擇安裝位置，按安裝，如圖 2-8 所示。

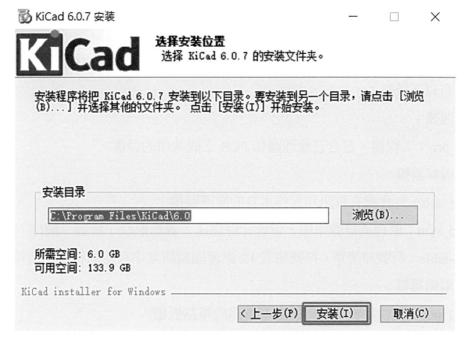

圖 2-8　選擇安裝位置

步驟 9 安裝程序結束，按完成後即可開始軟體操作，如圖 2-9 所示。

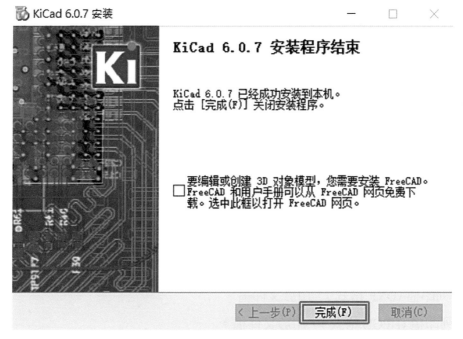

圖 2-9　安裝程序結束

2-2 KiCad 檔案型式

開啓 KiCad 後會出現工程管理頁面，此頁面包含原理圖、符號庫、PCB、封裝庫等編輯管理器，新建工程後會產生一個資料夾，此資料夾爲該工程專用的資料夾，資料夾的常見檔案類型有以下幾種：

1. 工程管理檔：

   .KiCad_pro：工程檔，包含在原理圖和 PCB 之間共用的設置。

2. 原理圖編輯器檔：

   *.KiCad_sch：包含所有資訊和元件本身的原理圖檔。

   *.KiCad_sym：原理圖符號庫檔，包含元件描述：圖形形狀、接腳、欄位。

   sym-lib-table：符號庫清單 (符號庫表)：原理圖編輯器中可用的符號庫清單。

3. 電路板編輯器檔：

   *.KiCad_pcb：包含除板框以外的所有資訊的電路板檔。

   *.pretty：封裝庫資料夾。資料夾本身就是庫。

   *.KiCad_mod：封裝檔，每個檔包含一個封裝描述。

   *.KiCad_dru：設計規則檔，包含某個 .KiCad_pcb 檔的自訂設計規則。

   fp-lib-table：封裝庫列表 (封裝庫表)：線路板編輯器中可用的封裝庫的列表。

   fp-info-cache：快取緩衝檔以加速封裝庫的載入。

4. 用於製造或文件編製：

   *.gbr：Gerber 檔，用於 PCB 製造。

   *.drl：鑽孔檔 (Excellon 格式)，用於 PCB 製造。

   *.pos：位置檔用於文件檔 (ASCII 格式)，用於自動插件機。

   *.rpt：報告檔 (ASCII 格式)，用於文件檔。

   *.ps：列印檔 (Postscript 格式)，用於文件檔。

   *.pdf：列印檔 (PDF 格式)，用於文件檔。

   *.svg：列印檔檔 (SVG 格式)，用於文件檔。

   *.dxf：列印檔 (DXF 格式)，用於文件檔。

   *.plt：列印檔 (HPGL 格式)，用於文件檔。

2-3 KiCad 工程管理器

KiCad 工程管理器視窗，如圖 2-10 所示，由左側工具列、樹狀圖和右側的啓動器組成，工具列提供常用工程操作的快捷鈕，如新建工程、開啓工程等；樹狀圖顯示目前工程已經建立的相關工程檔，如原理圖、PCB、符號庫、封裝庫等；啓動器包含九種編輯器和工具的快捷方式。

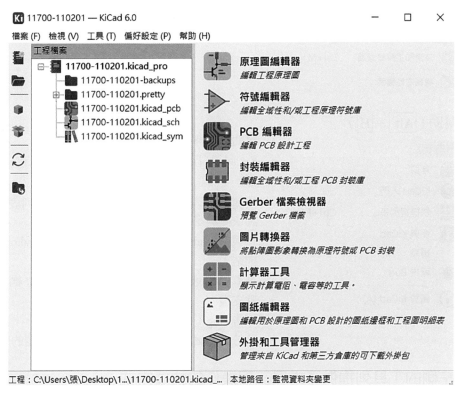

圖 2-10　工程管理器

一、工程管理器頁面的上方下拉式選單工具列功能

● 檔案（ $\boxed{Alt}$ + $\boxed{F}$ ）　　　　　● 檢視（ $\boxed{Alt}$ + $\boxed{V}$ ）

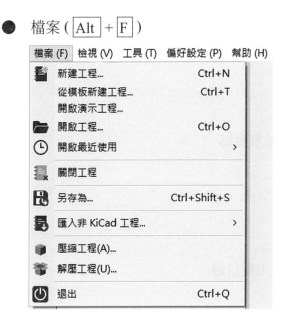

● 工具（ Alt + T ）

● 偏好設定（ Alt + R ）

● 幫助（ Alt + H ）

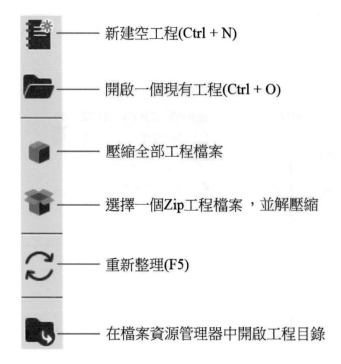

- 幫助：開啟 KiCad 操作手冊 html 版。
- KiCad 入門：開啟 getting_started_in_KiCad 手冊 html 版。
- 快捷鍵列表（ Alt + F1 ）：開啟快捷鍵列表工具，供查詢快捷鍵定義。
- 參與 KiCad：會連結到 https://www.KiCad.org/contribute/ 網站。
- 捐款：會連結到 https://donate.KiCad.org/ 網站，請您捐款支援。
- 報告 Bug：須註冊後才能參與回報。
- 關於 KiCad：會顯示 KiCad 原理圖編輯器的版本資訊。

二、視窗左側的工具列提供了常見工程操作的快捷方式

新建空工程(Ctrl + N)

開啟一個現有工程(Ctrl + O)

壓縮全部工程檔案

選擇一個Zip工程檔案，並解壓縮

重新整理(F5)

在檔案資源管理器中開啟工程目錄

三、建立新工程

步驟 1　建立新工程，方法有三種：

　　1.　使用鍵盤快速鍵 $\boxed{\text{Ctrl}}$ + $\boxed{\text{N}}$。

　　2.　點選工程管理器視窗上方下拉視窗檔案 ($\boxed{\text{F}}$)→新建工程 ...。

　　3.　點選工程管理器視窗左側工具列的  。

步驟 2　會跳出一個新建工程視窗，輸入一個名稱來命名您的工程，如圖 2-11 所示。如：輸入名稱 test，KiCad 將建立一個名為 test 的目錄並於此目錄下建立工程檔 (test.KiCad_pro)、原理圖檔 (test.KiCad_sch) 及電路板檔 (test.KiCad_pcb) 等三個檔案。

圖 2-11　新建工程

2-4　原理圖編輯器

　　原理圖編輯器是繪製電路圖的工具介面，KiCad 原理圖編輯器主要與 KiCad PCB 編輯器相輔相成，方成為 KiCad 的印刷電路設計軟體。原理圖編輯器畫電路圖時必須呼叫符號庫編輯器，倘若庫沒有內建符號，是可以創建和編輯符號來管理符號庫。

　　透過工程管理器視窗開啟原理圖編輯器的方法有：

1.　使用鍵盤快速鍵 $\boxed{\text{Ctrl}}$ + $\boxed{\text{E}}$。

2.　點選工程管理器視窗上方下拉視窗：工具 ($\boxed{\text{T}}$) → 原理圖編輯器。

3. 點選工程管理器視窗右側工具軟體快捷鈕 。

4. 直接點選工程樹狀圖中的 xx.kicad_sch 檔案。

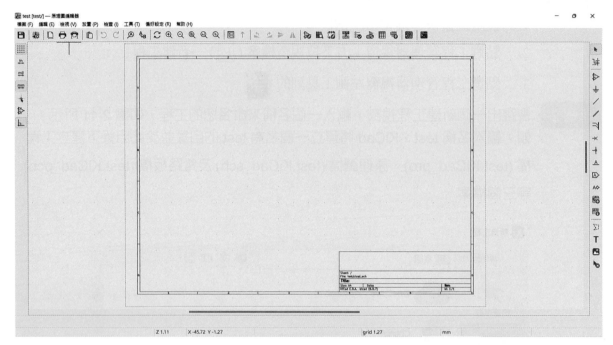

圖 2-12　原理圖編輯器頁面

　　由於 KiCad 功能強大，礙於書本篇幅，目前僅提供原理圖編輯器的下拉式選單與工具列的功能說明，在之後的章節會針對檢定繪製電路會用到的步驟逐一描述。

一、下拉式選單

● 檔案（ Alt + F ）

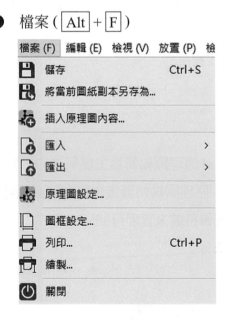

● 編輯（ Alt + E ）

● 檢視（[Alt]＋[V]）

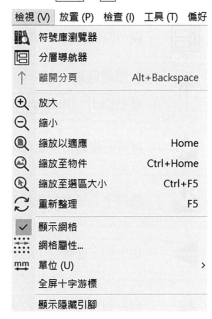

檢視 (V)	放置 (P)	檢查 (I)	工具 (T)	偏好

	符號庫瀏覽器	
	分層導航器	
↑	離開分頁	Alt+Backspace
⊕	放大	
⊖	縮小	
	縮放以適應	Home
	縮放至物件	Ctrl+Home
	縮放至選區大小	Ctrl+F5
	重新整理	F5
✓	顯示網格	
	網格屬性…	
mm	單位 (U)	＞
	全屏十字游標	
	顯示隱藏引腳	

● 放置（[Alt]＋[P]）

放置 (P)	檢查 (I)	工具 (T)	偏好設定 (F

	新增符號	A
	新增電源埠	P
	新增連線	W
	新增匯流排	B
	新增連線和匯流排入口	Z
	新增不連線標記	Q
	新增結點	J
	新增標籤	L
	新增全域性標籤	Ctrl+L
	新增層次標籤	H
	新增圖頁	S
	匯入圖框引腳	
	新增線	I
	新增文字	T
	新增圖片	

● 檢查（[Alt]＋[I]）

檢查 (I)	工具 (T)	偏好設定 (R)

	電氣規則檢查 (ERC)
	上個標記
	下個標記
	排除標記
	模擬…

● 工具（[Alt]＋[T]）

工具 (T)	偏好設定 (R)	幫助 (H)

	從原理圖更新 PCB…	F8
	從 PCB 更新原理圖…	
	切換到 PCB 編輯器	
	符號編輯器	
	從庫更新符號…	
	恢復符號…	
	重新對映舊庫符號…	
	編輯符號欄位…	
	編輯符號庫連結…	
	批註原理圖…	
	匯流排定義…	
	關聯封裝…	
	生成 BOM…	

● 偏好設定（[Alt]＋[R]）

偏好設定 (R)	幫助 (H)

	配置路徑…	
	管理符號庫…	
	偏好設定…	Ctrl+,
	設定語言	＞

● 幫助（[Alt]＋[H]）

幫助 (H)

	幫助	
	KiCad 入門	
	快捷鍵列表…	Ctrl+F1
	參與 KiCad	
	捐款	
	報告 Bug	
	關於 KiCad (A)	

二、上方工具列

圖示	功能	圖示	功能
	儲存變更 (Ctrl + S)		顯示原理圖的層次結構
	編輯原理圖設定		在原理圖編輯器中顯示父級圖框 (Ctrl + Backspace)
	圖框大小標題塊資訊設定		逆時針旋轉所選定專案 (R)
	列印 (Ctrl + P)		將選中的專案順時針旋轉
	繪製		從上到下翻轉選中的專案 (Y)
	從剪貼簿貼上 (Ctrl + V)		從左到右翻轉選中的專案 (X)
	取消上次編輯 (Ctrl + Z)		建立、刪除和編輯符號
	重做上次編輯 (Ctrl + Y)		瀏覽符號庫
	查詢文字 (Ctrl + F)		建立、刪除和編輯封裝
	查詢和替換文字 (Ctrl + Alt + F)		填寫原理圖符號位號
	重新整理 F5		執行電器規檢查
	放大 F1		執行封裝分配工具
	縮小 F2		原理圖中所有的符號批次編輯欄位
	縮放以適應 (Home)		生成當前原理圖的 ROM
	縮放至物件 (Ctrl + Home)		開啟電路板編輯器中
	縮放至選區大小 (Ctrl + F5)		顯示 Python 指令碼控制臺

三、左側工具列

圖示	說明	圖示	說明
⠿	在編輯視窗中顯示網格點或線條	✦	游標全屏 / 一般形式切換
in	使用 inch 作為單位	▷	切換是否顯示隱藏的街角
mil	使用 mil 作為單位	⌐	切換連線和匯流排走線直角 / 任意角模式
mm	使用 mm 作為單位		

四、右側工具列

圖示	說明	圖示	說明
▸	點選工具	A	新增網路標籤 (L)
	以高亮度顯示所選線路	A▷	新增全域性標籤 (Ctrl + L)
▷	增加符號 (A)	A◇	新增一個分層標籤 (H)
⊥	新增電源埠 (P)		新增分層圖框 (S)
/	新增連線 (W)	A◇	匯入分層層圖框接角
/	新增匯流排 (B)		新增連線的圖形線 (I)
⅄	新增導線入口到匯流排 (Z)	T	文字 (T)
✕	新增無連線標示 (Q)		新增圖片
⊣	新增節點 (J)	▸	互動式刪除工具

2-5 PCB 編輯器

使用 PCB 編輯器之前必須先繪製好原理圖,並將原理圖內的符號設定其封裝零件,故 PCB 編輯器會使用到封裝庫,讀者可以使用內建的封裝庫或自行新增修改封裝庫。PCB 圖內必須包含元件面與佈線面,完成 PCB 圖後可以轉出 Gerber 檔,再將檔案送至印刷電路板廠商或使用雕刻機將電路板製作出來。

透過工程管理器視窗開啓電路板編輯器的方法有:

1. 使用鍵盤快速鍵 Ctrl + P。

2. 點選工程管理器視窗上方下拉視窗:工具 (T) → PCB 編輯器。

3. 點選工程管理器視窗右側啓動器快捷鈕 ▨。

4. 直接點選工程樹狀圖中的 xx.kicad_pcb 檔案。

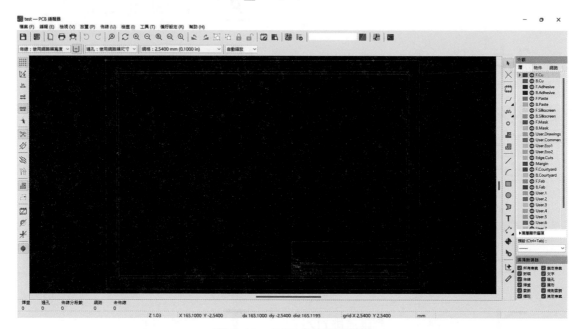

圖 2-13　PCB 編輯器頁面

由於 KiCad 功能強大,礙於書本篇幅,目前僅提供 PCB 編輯器的下拉式選單與工具列的功能說明,在之後的章節會針對檢定繪製電路會用到的步驟逐一描述。

一、下拉式選單

● 檔案 (Alt + F)

● 編輯 (Alt + E)

編輯 (E)	檢視 (V)	放置 (P)	佈線 (U)	檢
↺ 撤消			Ctrl+Z	
↻ 重做			Ctrl+Y	
✂ 剪下			Ctrl+X	
複製			Ctrl+C	
貼上			Ctrl+V	
特殊貼上...				
刪除			Delete	
全選			Ctrl+A	
查詢			Ctrl+F	
編輯佈線與過孔屬性...				
編輯文字與圖形屬性...				
修改封裝...				
交換層...				
填充所有敷銅			B	
取消填充所有敷銅			Ctrl+B	
互動式刪除工具				
全域性刪除...				

● 檢視 (Alt + V)

● 放置 (Alt + P)

放置 (P)	佈線 (U)	檢查 (I)	工具 (T)	偏好設
新增封裝			A	
新增過孔			Ctrl+Shift+V	
新增填充敷銅			Ctrl+Shift+Z	
新增規則敷銅			Ctrl+Shift+K	
新增微波形狀				
新增文字			Ctrl+Shift+T	
繪製線			Ctrl+Shift+L	
繪製圓弧			Ctrl+Shift+A	
繪製矩形				
繪製圓			Ctrl+Shift+C	
繪製多邊形			Ctrl+Shift+P	
新增對齊標註			Ctrl+Shift+H	
新增正交標註				
新增中心標註				
新增引線				
新增板特性				
新增壓層表				
新增層對齊標記				
鑽孔/放置檔案原點				
網格原點			S	
自動放置封裝				

● 佈線（Alt + U）

佈線 (U)	檢查 (I)	工具 (T)	偏好設定 (R)

◆	設定層對...	
⌐	單軌互動式佈線	X
⌐	差分對互動佈線	6
⌐⌐	調整單軌佈線長度	7
⌐⌐	調整差分對佈線長度	8
⌐	調整差分對佈線偏移	9
✕	互動式佈線設定...	Ctrl+Shift+,

● 檢查（Alt + I）

檢查 (I)	工具 (T)	偏好設定 (R)	幫助 (H)

🔍	網路檢查	
	顯示電路板統計資訊	
✏	測量工具	Ctrl+Shift+M
✓	設計規則檢查	
	上個標記	
	下個標記	
	排除標記	
⟷	間隙解析...	
⟷	約束解析...	

● 工具（Alt + T）

工具 (T)	偏好設定 (R)	幫助 (H)

	從原理圖更新 PCB...	F8
	切換到原理圖編輯器	
	封裝編輯器	
	從庫中更新封裝...	
	清除佈線和過孔...	
	刪除未使用的焊盤...	
	清理圖形...	
	修復電路板	
	位置重新批註...	
	從 PCB 更新原理圖...	
	指令碼控制檯	
	外部外掛	>

● 偏好設定（Alt + R）

偏好設定 (R)	幫助 (H)

⟷	配置路徑...	
	管理封裝庫...	
⚙	偏好設定...	Ctrl+,
文A	設定語言	>

● 幫助（Alt + H）

幫助 (H)

🌐	幫助	
❓	KiCad 入門	
▦	快捷鍵列表...	Ctrl+F1
ℹ	參與 KiCad	
	捐款	
🐞	報告 Bug	
ⓘ	關於 KiCad (A)	

二、上方工具列

1. 第一列

💾	儲存變更（Ctrl + S）		↺	測銷上次編輯（Ctrl + Z）
	編輯電路板設定		↻	重作上次編輯（Ctrl + Y）
	圖框大小程標題塊資訊設定		Ⓐ	查詢文字（Ctrl + F）
🖨	列印（Ctrl + P）		↻	重新整理（F5）
	繪製		🔍	放大

圖示	說明	圖示	說明
	縮小		允許專案在畫布上移動或調整大小
	縮放以適應（Home）		建立、刪除和編輯封裝
	縮放至物件（Ctrl + Home）		瀏覽封裝庫
	縮放至選區大小（Ctrl + F5）		根據原理圖變化更新 PCB（F8）
	將選中的專案逆時針旋轉（R）		顯示設計規則檢查器視窗
	將選中的專案順時針旋轉（Shift + R）	F.Cu (PgUp)	工作層下拉式選擇清單
	將選中的項分組，以便將它們作為單個項處理		變更佈線活動層
	解散任意選中的組合		在 Eeschema 中開啟原理圖
	防止專案在畫布上移動或調整大小		顯示 Python 指令碼控制臺

2. 第二列

(1) 佈線下拉式選單

(2) 鈕，從現有線路佈線時，使用現在設定或即有線路寬度切換鈕

(3) 過孔下拉式選單

(4) 網格下拉式選單

(5) 縮放比例下拉式選單

三、左側工具列

圖示	說明	圖示	說明
	在編輯視窗中顯示網格點或線條	mm	使用 mm 作為單位
	極座標與直角座標切換		游標全屏 / 一般十字切換
in	使用 inch 作為單位		顯示網路飛線
mil	使用 mil 作為單位		以彎曲線顯示飛線

	工作圖層高亮度或前景顯示切換		焊盤以輪廓／實體顯示切換
	工作線路高亮度切換		過孔以輪廓／實體顯示切換
	敷銅區乙填滿方式顯示		線路以輪廓／實體顯示切換
	敷銅區僅以顯示邊界		外觀 (圖層) 管理器開啓／隱藏切換

四、右側工具列

	選擇專案		繪製線 (Ctrl + Shift + L)
			繪製圓弧 (Ctrl + Shift + A)
	新增封裝 (A)		繪製矩形
	佈線 (X)		繪製圓 (Ctrl + Shift + C)
	調整佈線長度 (7)		繪製多邊形 (Ctrl + Shift + P)
	新增過孔 (Ctrl + Shift + V)		新增文字 (Ctrl + Shift + T)
	新增填充敷銅 (Ctrl + Shift + Z)		新增對齊標註 (Ctrl + Shift + H)
	新增規則 (禁佈區) 敷銅 (Ctrl + Shift + K)		互動式刪除工具

五、常見的 PCB 圖層

層	KiCad 層名	KiCad 轉 Gerber 副檔	AD 轉 Gerber 副檔
Bottom Layer 底層	B.Cu	.GBR	.BGL
Top Layer 頂層	F.Cu	.GBR	.GTL
Top Overlay 頂列印層	F.SilkS	.GBR	.GTO
Bottom Overlay 底列印層	B.SilkS	.GBR	.GBO
Edges 版框	Edge.Cuts	.GBR	.GKO

◎ Bottom Layer 底層：佈線面跑線路的層。

◎ Top Layer 頂層：元件面跑線路的層。

◎ Top Overlay 頂列印層：元件面需要列印文字的層

◎ Bottom Overlay 底列印層：佈線面需要列印文字的層

◎ Edges 版框：電路版的邊緣版框。

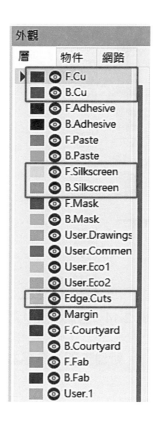

2-6 自建符號庫教學

　　繪製原理圖之前必須先瞭解欲繪製的電路圖元件符號有哪些？以及評估是否軟體有內建的符號元件可使用，倘若沒有就必須自建繪製符號庫。以下為製作 CPLD 3064 子板的實例教學步驟：

步驟 1 ▶ 點 KiCad icon Ki 。

步驟 2 ▶ 設定語言，選擇繁體中文，如圖 2-14 所示。

註 ▶ 此軟體使用中文語言會常讓視窗當機，若軟體當機，請至電腦工作管理員按此軟體關閉再重開

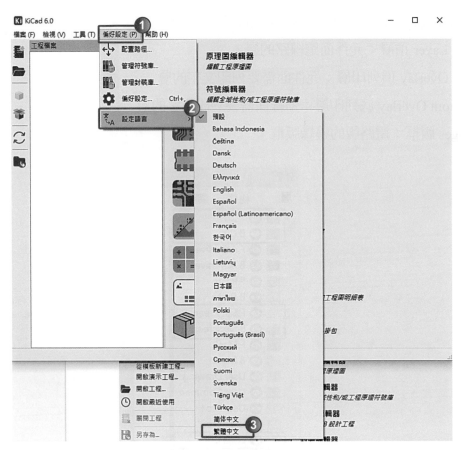

圖 2-14　選擇繁體中文

步驟 3　如圖 2-15 所示，點檔案 → 新建工程。命名為 11700-110201，如圖 2-16 所示。

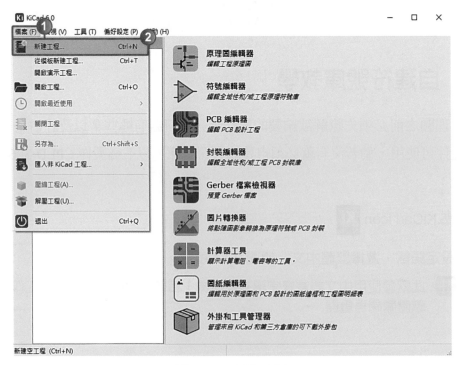

圖 2-15　新建工程

圖 2-16　命名為 11700-110201

步驟 4 　完成後看到如圖 2-17 所示，接著按「符號編輯器」。

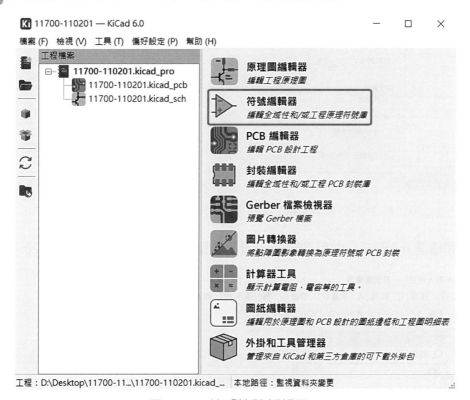

圖 2-17　按「符號編輯器」

● 編輯環境設定

步驟 5 ▶ 修改網格形式 (讓頁面看得比較清楚)，如圖 2-18 所示。

圖 2-18　修改網格形式

步驟 6 ▶ 在顯示選項中選擇小十字，再按確定，如圖 2-19 所示。

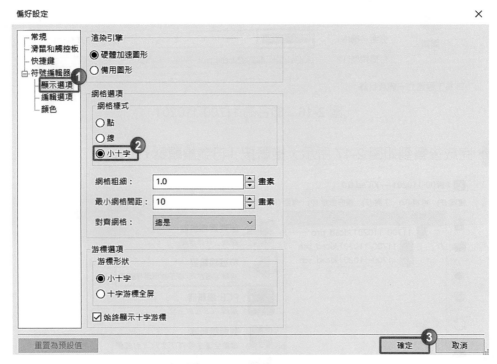

圖 2-19　選擇小十字

步驟 7 ▶ 網格選 mil 形式，並且在頁面中滑鼠右鍵網格選 100mil，如圖 2-20 所示。

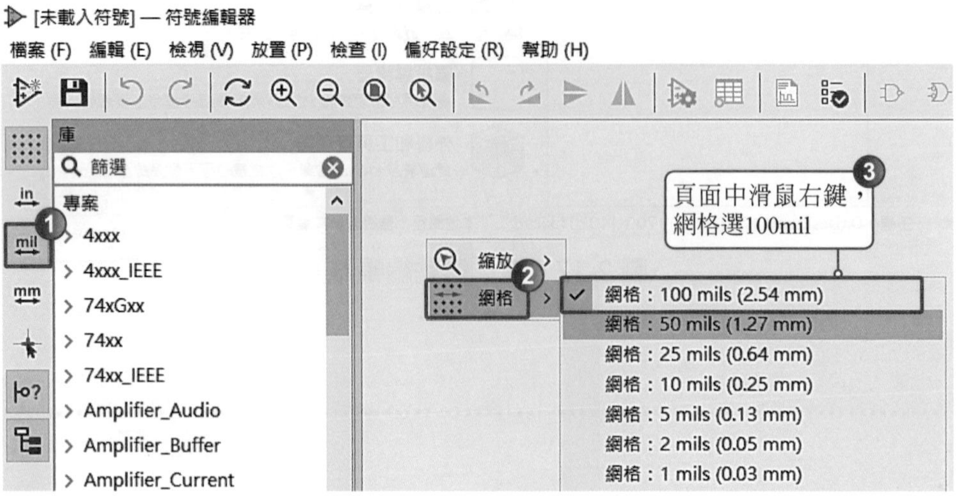

圖 2-20　設定網格

步驟 8 建立新的元件庫，點檔案 → 新建庫，如圖 2-21 所示。

步驟 9 點選工程，再按確定，如圖 2-22 所示。

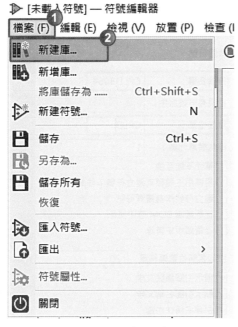

圖 2-21 新建庫   圖 2-22 點選工程

步驟 10 在檔案名稱填入 11700-110201，再按存檔，如圖 2-23 所示。

註 記得存放同一個專案資料夾底下 11700-110201

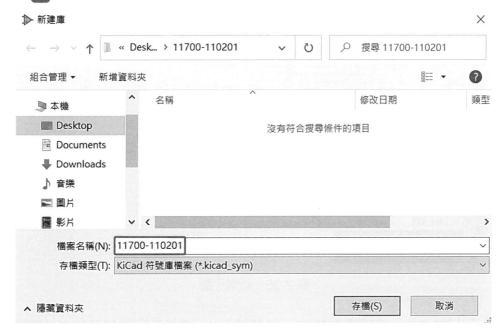

圖 2-23 檔案名稱填入 11700-110201

- 開始創建新的元件

步驟 11 新建符號，先點選剛創立的元件庫，再至檔案 → 新建符號，或按 [圖示] ，如圖 2-24 所示。

步驟 12 符號名稱填入 CPLD3064，預設位號填入 CPLD，之後按確定，如圖 2-25 所示。

圖 2-24　新建符號

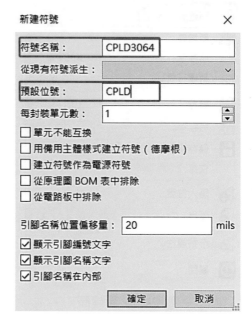

圖 2-25　符號名稱填入 CPLD3064

步驟 13 新增引腳，點放置 → 新增引腳，在頁面上點中心十字就是原點地方，如圖 2-26 所示。

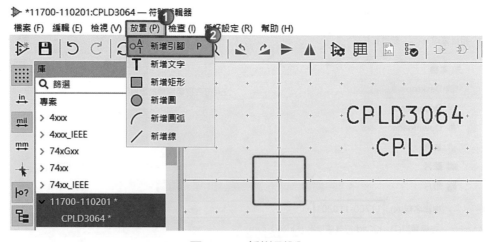

圖 2-26　新增引腳

步驟 14 引腳屬性中，名稱填入 VCC，編號填入 1，電氣型別選電源輸出，如圖 2-27 所示。

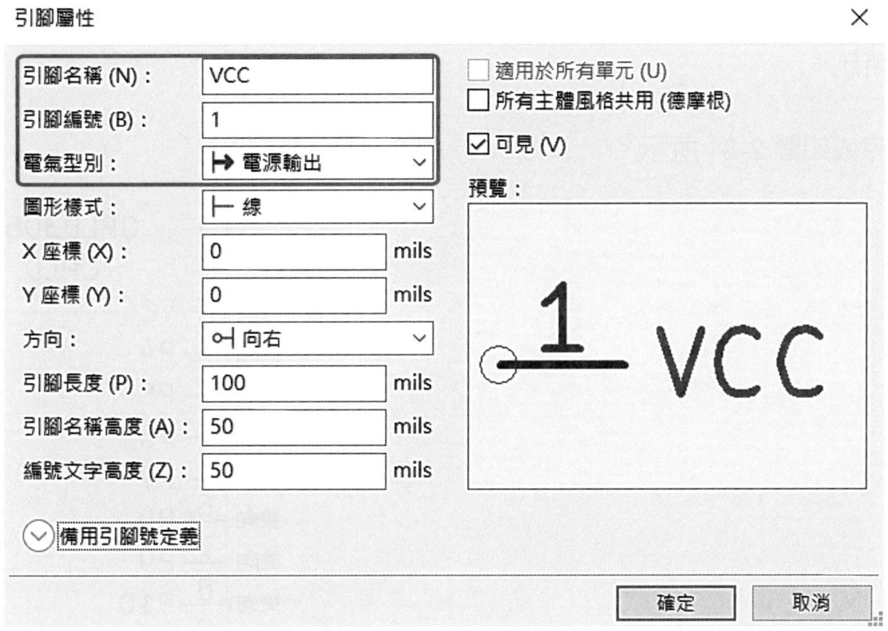

引腳屬性   ✕

引腳名稱 (N)： VCC
引腳編號 (B)： 1
電氣型別： ➡ 電源輸出 ∨
圖形樣式： ⊢ 線 ∨
X 座標 (X)： 0 mils
Y 座標 (Y)： 0 mils
方向： ⊶ 向右 ∨
引腳長度 (P)： 100 mils
引腳名稱高度 (A)： 50 mils
編號文字高度 (Z)： 50 mils
⌄ 備用引腳號定義

☐ 適用於所有單元 (U)
☐ 所有主體風格共用 (德摩根)
☑ 可見 (V)
預覽：

1 VCC

確定   取消

圖 2-27 引腳屬性

步驟 15 完成後可看到引腳，如圖 2-28 所示。

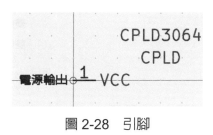

CPLD3064
CPLD
電源輸出 ⊶ 1 VCC

圖 2-28 引腳

步驟 16 重複製作 IO 腳，名稱填入 P4，編號填入 2，電器型別選雙向，如圖 2-29 所示。

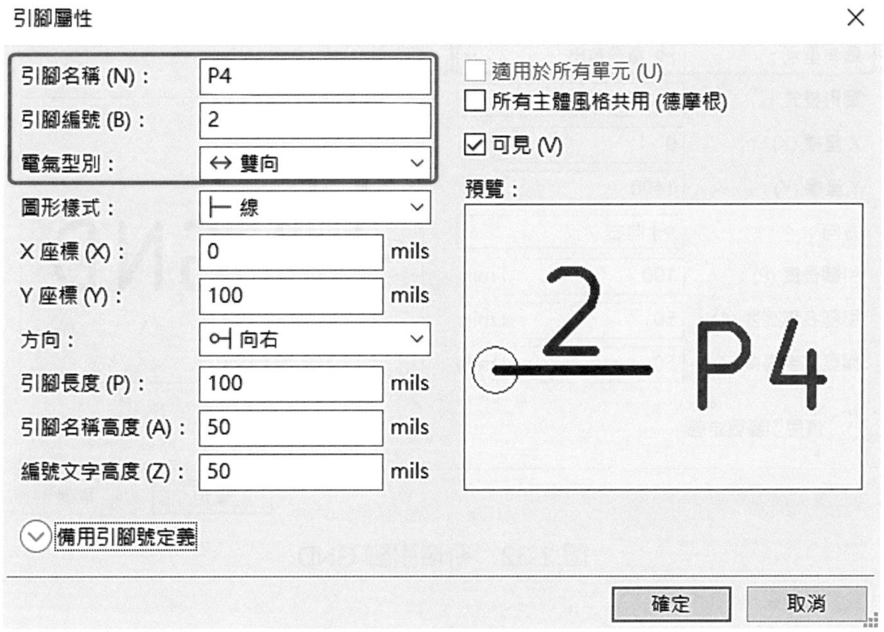

引腳屬性   ✕

引腳名稱 (N)： P4
引腳編號 (B)： 2
電氣型別： ↔ 雙向 ∨
圖形樣式： ⊢ 線 ∨
X 座標 (X)： 0 mils
Y 座標 (Y)： 100 mils
方向： ⊶ 向右 ∨
引腳長度 (P)： 100 mils
引腳名稱高度 (A)： 50 mils
編號文字高度 (Z)： 50 mils
⌄ 備用引腳號定義

☐ 適用於所有單元 (U)
☐ 所有主體風格共用 (德摩根)
☑ 可見 (V)
預覽：

2 P4

確定   取消

圖 2-29 重複製作 IO 腳

步驟 17 要複製 13 個雙向腳位，先滑鼠點第 2 腳，再按 Insert 即可完成複製，如圖 2-30 所示。

步驟 18 完成如圖 2-31 所示。

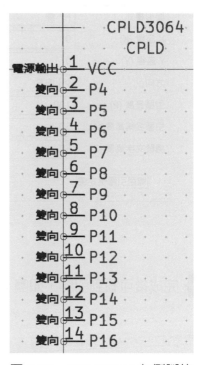

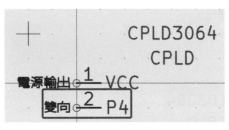

圖 2-30　雙向腳位　　　　　　　　圖 2-31　CPLD3064 左側腳位

步驟 19 再新增引腳 GND，如圖 2-32 所示。

圖 2-32　新增引腳 GND

步驟 20 ▶ 新增元件右側引腳，如圖 2-33 所示。

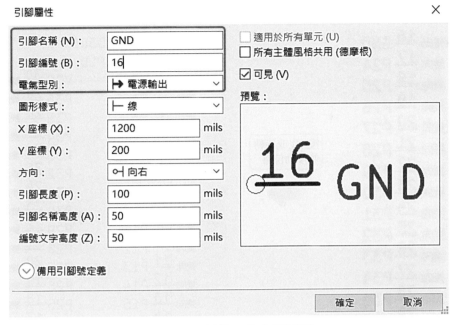

| 引腳屬性 | ✕ |

引腳名稱 (N)：	GND
引腳編號 (B)：	16
電氣型別：	➡ 電源輸出 ▼
圖形樣式：	├─ 線 ▼
X 座標 (X)：	1200 mils
Y 座標 (Y)：	200 mils
方向：	○┤ 向右 ▼
引腳長度 (P)：	100 mils
引腳名稱高度 (A)：	50 mils
編號文字高度 (Z)：	50 mils

☐ 適用於所有單元 (U)
☐ 所有主體風格共用 (德摩根)
☑ 可見 (V)

預覽：

⊘ 備用引腳號定義

確定　取消

圖 2-33　新增元件右側引腳

步驟 21 ▶ 重複以上新增引腳步驟，完成如圖 2-34 所示，若引腳屬性寫錯可以選點引腳後再按鍵盤 E 即可更改資料。

圖 2-34　元件右側引腳

步驟 22 旋轉 16 ～ 30 腳位，先圈選 16 ～ 30 腳位，再按鍵盤 R 即可完成旋轉，再移動位置如圖 2-35 所示。

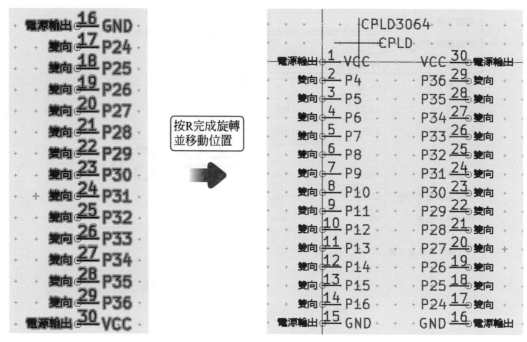

圖 2-35　CPLD3064 所有腳位

步驟 23 畫元件框，點選右側工具列的新增一個矩形，再回到頁面，滑鼠先點矩形開始位置一下，之後滑鼠移動到矩形結束位置，再滑鼠點一下即可完成元件框，如圖 2-36 所示。

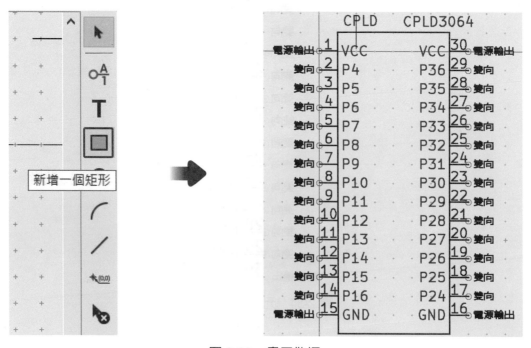

圖 2-36　畫元件框

步驟 24　更改元件引腳名稱，點選工具列的顯示引腳表，如圖 2-37 所示。

圖 2-37　更改元件引腳名稱

步驟 25　在名稱地方根據數位乙級子板腳位編號填入正確編號，完成後按確定，如圖 2-38 所示。

編號	名稱	電氣型別	圖形樣式	方向	X 座標	Y 座標
1	VCC	➡ 電源輸出	├ 線	○┤ 向右	0 mils	0 mils
2	P4	↔ 雙向	├ 線	○┤ 向右	0 mils	-100 mils
3	P5	↔ 雙向	├ 線	○┤ 向右	0 mils	-200 mils
4	P6	↔ 雙向	├ 線	○┤ 向右	0 mils	-300 mils
5	P8	↔ 雙向	├ 線	○┤ 向右	0 mils	-400 mils
6	P9	↔ 雙向	├ 線	○┤ 向右	0 mils	-500 mils
7	P11	↔ 雙向	├ 線	○┤ 向右	0 mils	-600 mils
8	P12	↔ 雙向	├ 線	○┤ 向右	0 mils	-700 mils
9	P14	↔ 雙向	├ 線	○┤ 向右	0 mils	-800 mils
10	P16	↔ 雙向	├ 線	○┤ 向右	0 mils	-900 mils
11	P18	↔ 雙向	├ 線	○┤ 向右	0 mils	-1000 mils
12	P19	↔ 雙向	├ 線	○┤ 向右	0 mils	-1100 mils
13	P20	↔ 雙向	├ 線	○┤ 向右	0 mils	-1200 mils
14	P21	↔ 雙向	├ 線	○┤ 向右	0 mils	-1300 mils
15	GND	➡ 電源輸出	├ 線	○┤ 向右	0 mils	-1400 mils
16	GND	➡ 電源輸出	├ 線	├○ 向左	800 mils	-1400 mils
17	P24	↔ 雙向	├ 線	├○ 向左	800 mils	-1300 mils
18	P25	↔ 雙向	├ 線	├○ 向左	800 mils	-1200 mils
19	P26	↔ 雙向	├ 線	├○ 向左	800 mils	-1100 mils
20	P27	↔ 雙向	├ 線	├○ 向左	800 mils	-1000 mils
21	P28	↔ 雙向	├ 線	├○ 向左	800 mils	-900 mils
22	P29	↔ 雙向	├ 線	├○ 向左	800 mils	-800 mils
23	P31	↔ 雙向	├ 線	├○ 向左	800 mils	-700 mils
24	P33	↔ 雙向	├ 線	├○ 向左	800 mils	-600 mils
25	P34	↔ 雙向	├ 線	├○ 向左	800 mils	-500 mils
26	P37	↔ 雙向	├ 線	├○ 向左	800 mils	-400 mils
27	P39	↔ 雙向	├ 線	├○ 向左	800 mils	-300 mils
28	P40	↔ 雙向	├ 線	├○ 向左	800 mils	-200 mils
29	P41	↔ 雙向	├ 線	├○ 向左	800 mils	-100 mils
30	VCC	➡ 電源輸出	├ 線	├○ 向左	800 mils	0 mils

＋　🗑　☐ 按名稱分組　🔄　　引腳編號：1-30　　確定　取消

圖 2-38　引腳列表填入正確編號

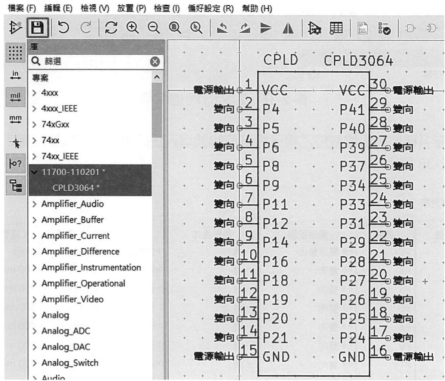

步驟 26 完成符號元件編輯後記得存檔，如圖 2-39 所示。

圖 2-39　完成符號元件編輯

註 點 可顯示或不顯示中文字部分

2-7 自建封裝庫教學

　　繪製 PCB 圖之前必須先瞭解原理圖內元件符號對應的封裝元件有哪些？以及評估是否軟體有內建的封裝元件可使用，倘若沒有就必須自建繪製封裝庫。以下為製作 CPLD 3064 子板的實例教學步驟：

步驟 1 在 11700-110201 資料夾底下點 KiCad，開啟該檔案專案，再點封裝編輯器，如圖 2-40 所示。

圖 2-40　點封裝編輯器

• 編輯環境設定

步驟 2 進入頁面後先修改網格形式 (讓頁面看得比較清楚)，在最上方的工作列選偏好設定，再選偏好設定 → 小十字，如圖 2-41 所示。

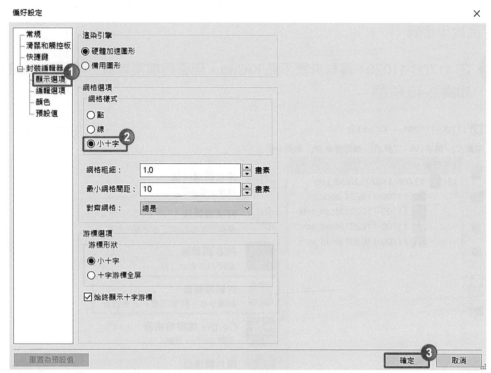

圖 2-41 偏好設定

步驟 3 網格點選 mil 形式，並且選擇 100mil，如圖 2-42 所示。

圖 2-42 網格點選 mil 形式

• 創建新的 Footprint 封裝元件庫設定

步驟 4 按檔案 → 新建庫，如圖 2-43 所示。

步驟 5 選工程後按確定，如圖 2-44 所示。

圖 2-43 新建庫

圖 2-44 選工程

步驟 6 檔案名稱填寫 11700-110201，再按存檔，如圖 2-45 所示。

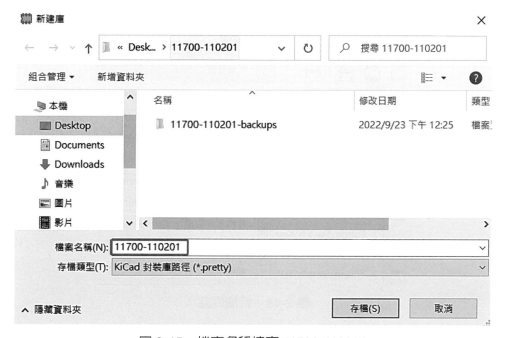

圖 2-45 檔案名稱填寫 11700-110201

● 開始創建新的 Footprint 封裝元件

步驟 7 建立一個新的空封裝，先點選 11700-110201 再點  ，如圖 2-46 所示。

圖 2-46　建立一個新的空封裝

步驟 8 封裝名稱填入 CPLD3064，封裝型別選通孔，再按確定，如圖 2-47 所示。

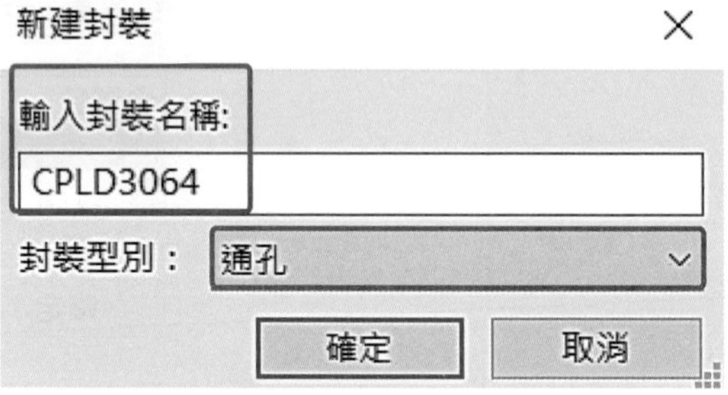

圖 2-47　封裝名稱填入 CPLD3064

步驟 9 按放置 → 新增焊盤 (第一腳要放在原點)，如圖 2-48 所示。

圖 2-48　新增焊盤

再還沒放置頁面前，按鍵盤 Ｅ，設定焊盤屬性如圖 2-49 所示的紅框。

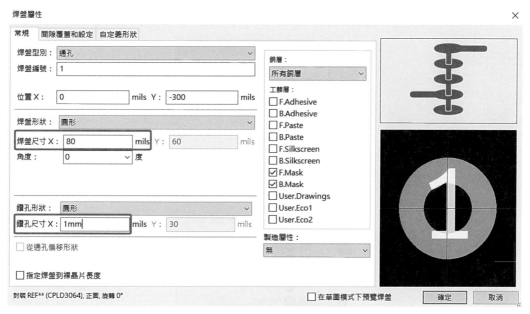

圖 2-49　設定焊盤屬性

依序貼上共 30 個焊盤，如圖 2-50 所示。

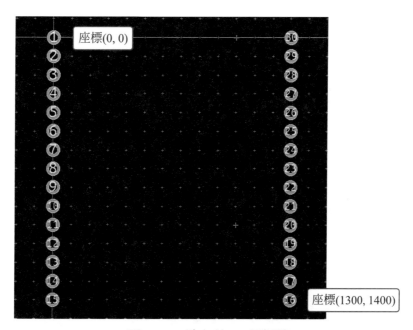

圖 2-50　貼上共 30 個焊盤

步驟 10 畫元件框,先在右側工具列選擇圖層 F.Silkscreen,再選擇繪製矩形,如圖 2-51 所示。

圖 2-51　畫元件框

步驟 11 在左下角座標 (-200,1600) 開始往右上方拉,尺寸 x:1700mils,y: 2600mils,做完記得存檔,如圖 2-52 所示。

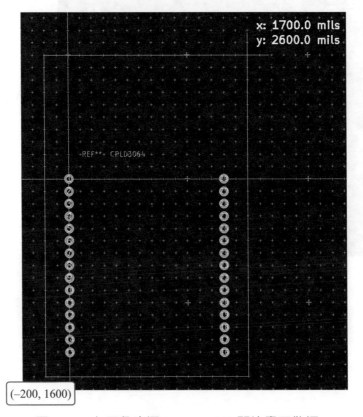

圖 2-52　左下角座標 (-200,1600) 開始畫元件框

CHAPTER

3

電路繪圖－試題一
四位數顯示裝置

3-1 試題介紹

試題一：四位數顯示裝置

一、試題編號：11700-110201

二、試題名稱：四位數顯示裝置

三、測試時間：6 小時

四、試題說明：

本試題依檢定電子電路圖分為兩部分，第一部分稱為母電路板，內容包括：(1) 以電腦輔助電路佈線軟體繪製佈線圖、(2) 依所繪製之佈線圖，以萬用電路板進行裝配及焊接；第二部分稱為子電路板，內容包括：(1) 以蝕刻好的電路板進行裝配及焊接工作、(2) 以電子設計自動化 (EDA) 軟體完成可程式晶片之電路設計。並依組裝圖將母電路板與子電路板組合完成試題動作要求，其工作說明如下：

（一） 依抽定之子板接腳組合及應檢人自行規劃之腳位，繪製電路圖。

（二） 依抽定之七段顯示器顯示內容，進行 CPLD 內部電路設計。

（三） 使用電腦輔助電路佈線軟體依繪製之電路圖轉成佈線圖，依電腦製圖規則，分別繪製標明零件接腳及零件代號之「零件佈置圖」(零件面) 及裸銅線之「佈線圖」(銅箔面)，完成後將「零件佈置圖」與「佈線圖 (需鏡像輸出)」列印輸出。

（四） 電腦輔助電路佈線所需的板框樣式與零件庫，若非屬於標準零件庫，由應檢人自行建立，得使用試場提供之零件庫內容：

1. 符號庫參考檔案，置於桌面，檔案名稱為 " 桌面 \KiCAD_Library\New_Library.kicad_sym "，內含下列 6 項符號。

編號	元件項目	名稱
1	CPLD 子版	CPLD_3064
2	4 位數 7 段顯示	4_Digits_7Seg_CC
3	1 位數 7 段顯示	7Seg_CA
4	3×4 鍵盤	3×4_Keypad
5	電晶體	CS9013
6	電阻	R_US

2. 封裝庫參考檔案，置於桌面，目錄名稱為 "桌面 \KiCAD_Library\New_Library.pretty"，內含下列 7 項封裝檔案。

編號	元件項目	封裝名稱 (封裝檔案名稱：封裝名稱 .kicad_mod)
1	CPLD 子版	CPLD_3064_D
2	4 位數 7 段顯示	4_Digits_7Seg
3	1 位數 7 段顯示	7Seg
4	3×4 鍵盤	3×4_Keypad
5	電晶體	Transistor
6	電阻	Resistor
7	母板	PCB_M

（五）　裝配及焊接工作依「裝配規則」與「焊接規則」完成組裝。

（六）　母電路板實體之「零件佈置」與「裸銅線佈線」，必須與繪圖之「零件佈置」與「裸銅線佈線」相同。

（七）　子電路板之可程式晶片，使用 EDA 工具軟體依試題動作要求，進行電路設計、晶片規劃、接腳指定、下載燒錄後，完成功能測試。

（八）　本試題須完成母電路板之繪圖工作，及母電路板 (所有主動元件及限流電阻皆需佈線焊接) 與子電路板之組裝 (所有元件皆需完全組裝並焊接完成)，否則視同未完成不予評分。

五、試題動作要求：

（一）　子板接上電源後，LED1 指示燈應亮，未亮者扣 5 分。

（二）　未依抽定之子板接腳使用者，少一個接腳扣 10 分。

（三）　七段顯示器內容要求：

1. 七段顯示器未依測試當日抽籤指定的題組顯示其內容 (例如：當日抽到的是 J 組，但七段顯示器顯示的是 K 組或其他組別的內容)，則不予評分。

2. 若 4 位數七段顯示器每一個數字符號對應之七段顯示器同一個節段顯示不正確，則每一節段扣 25 分，如：a 節段在 4 個位數都不正確，扣 25 分；不同位數不同段顯示不正確，則每字扣 25 分，如：第一位數 a 節段不正確、第二位數 dp 節段不正確，二字共扣 50 分；若第一位數 a，d 二節段不正確，其餘位數各節段均正確，則以一字扣 25 分。一個錯誤僅扣一次不重複扣分。

六、試題參考圖表（四位數顯示裝置）

（一） 檢定電子電路圖

1. 母電路板參考電路圖

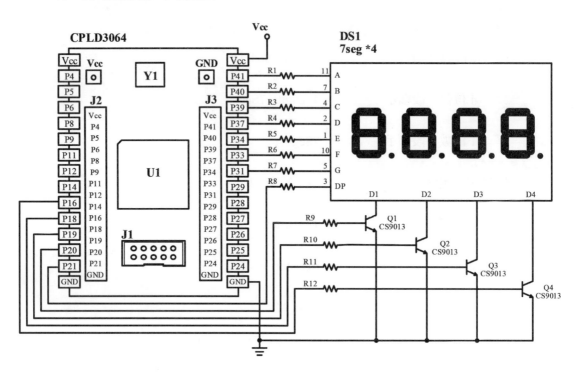

2. 子電路板

(1) 子電路板電路圖

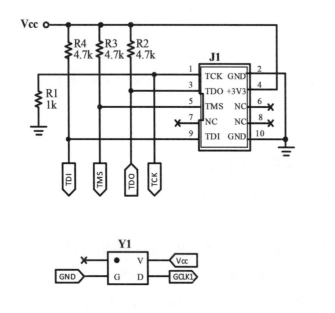

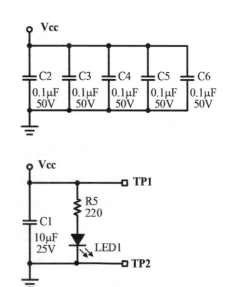

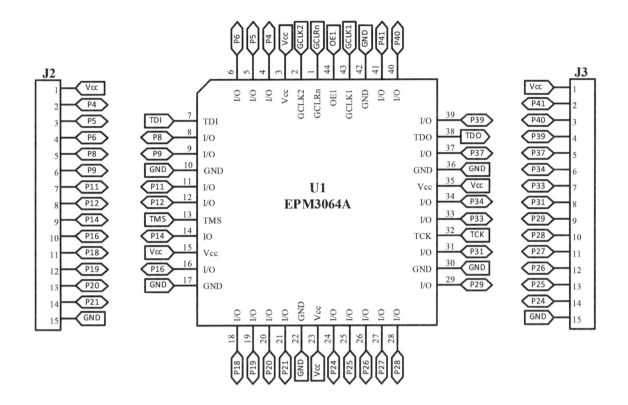

(2) 子電路板設計圖

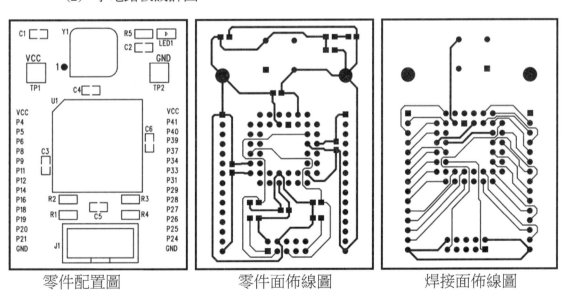

零件配置圖   零件面佈線圖   焊接面佈線圖

(3) 子電路板尺寸圖

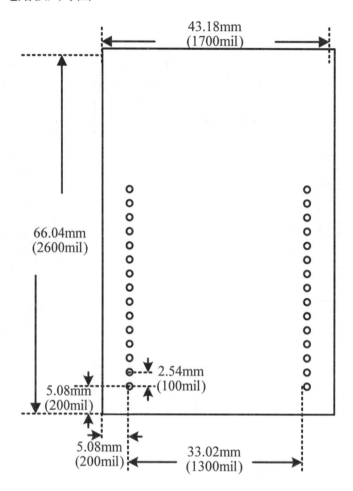

準備數位電子乙級子板套件，根據子電路板材料表裝配完成，如下圖所示，子板元件焊接先從高度最低的元件焊起，順序為 SMD 電阻與電容→ IC 腳座與牛角座→排針。（註：焊接 SMD 元件可先在一焊點焊上一些錫，再拿鑷子夾取元件焊接固定一腳到電路板，最後再焊上另一隻腳，即可完成 SMD 焊接）

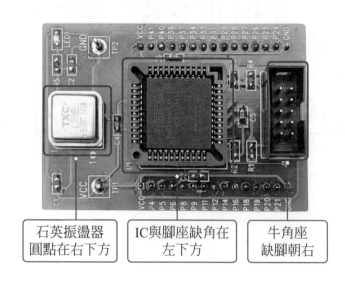

石英振盪器
圓點在右下方

IC與腳座缺角在
左下方

牛角座
缺腳朝右

CPLD子板公排針由下往上插入

（二）　　萬用電路板圖（上圖為零件面、下圖為焊接面）

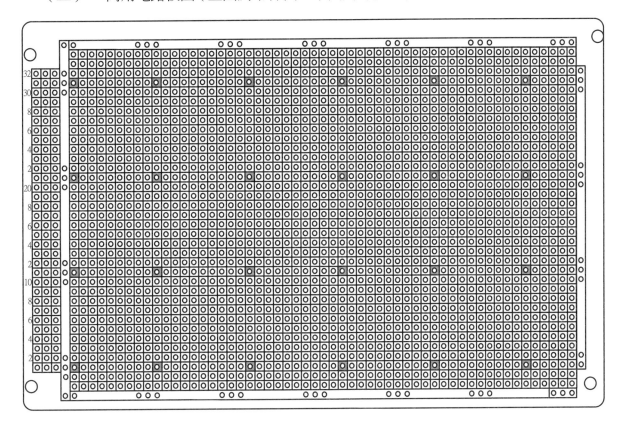

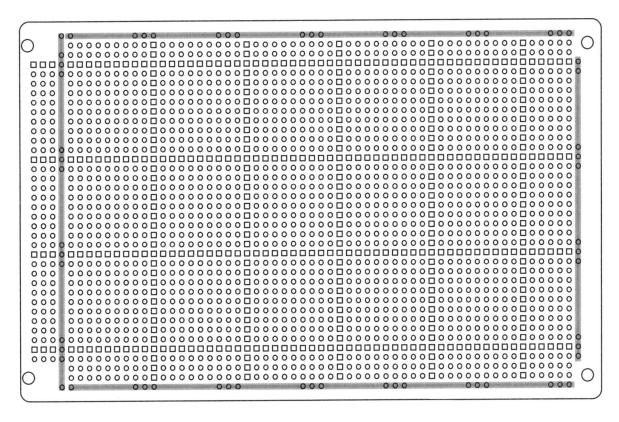

七、供給材料表 (四位數顯示裝置)

（一）　母電路板

項次	編號	名稱	規格	單位	數量	備註
1	Q1 ～ Q4	電晶體	CS9013 或同級品	只	4	
2	R1 ～ R8	碳膜電阻器	220 Ω，1/4W	只	8	
3	R9 ～ R12	碳膜電阻器	2.2 kΩ，1/4W	只	4	
4	DS1	四位數七段顯示器	共陰極	只	1	
5		萬用電路板	單面纖維鍍錫，100×160mm 2.54 mm 腳距	片	1	
6		單芯線	ϕ 0.5 mm PVC	公尺	2	
7		焊錫	無鉛 ϕ 0.5mm	公尺	2	
8		裸銅線	鍍錫 ϕ 0.5mm	公尺	2	
9		排針母座	單排 15-pin 2.54mm	只	2	
10		圓孔腳座	單排 6-pin 2.54mm	只	2	
11		塑膠銅柱	15mm，附螺母	只	4	

備註：

1. 每場次每一試題均應至少各有備份材料 1 份。

2. 所有電阻誤差值均在 ±5%以內。

（二） 子電路板

項次	編號	名稱	規格	單位	數量	備註
1		CPLD 子電路板	如試題參考圖表，CPLD PCB 板	片	1	
2	U1	CPLD	Altera EPM3064ALC44-10 或同級品	只	1	
3		CPLD 腳座	44-pin PLCC 型	只	1	
4	Y1	石英振盪器	OSC 方型，4MHz	只	1	
5	LED1	LED	SMD0805，綠色	只	1	
6	R1	電阻器	1 kΩ (SMD0805)	只	1	
7	R2 ～ R4	電阻器	4.7 kΩ (SMD0805)	只	3	
8	R5	電阻器	220 Ω (SMD0805)	只	1	
9	C1	電容器	10 μF/25V (SMD0805)	只	1	
10	C2 ～ C6	電容器	0.1 μF (SMD0805)	只	5	
11	J1	金牛角座	10-pin 如 Altera JTAG 連接座	只	1	
12	J2 ～ J3	排針	單排 15-pin 2.54mm，高 12mm	只	2	
13		圓孔腳座	短腳 4-pin (石英振盪器母座)	只	1	
14		接針	子電路板 Vcc 及 GND 用	只	2	
15		鍍銀線	30 AWG OK 線	cm	30	限子板檢修用

備註：
1. 每場次每一試題均應至少各有備份材料 1 份。
2. 所有電阻誤差值均在 ±5% 以內。

技術士技能檢定數位電子乙級術科測試評審表

姓　　名		崗　位　編　號			評　審	□ 及　格
術科測試編號		測　試　日　期	年　月　日		結　果	□ 不及格

試 題 編 號 及　名　稱	□ 11700-110201 四位數顯示裝置 □ 11700-110202 鍵盤輸入顯示裝置	領 取 測 試 材 料 簽 名 處	

CPLD 抽題 指 定 接 腳	□接腳組合 A　□接腳組合 B □接腳組合 C　□接腳組合 D □接腳組合 E	抽題指定 顯示內容	□顯示組合 J　□顯示組合 K □顯示組合 L　□顯示組合 M □顯示組合 N

不　　予　　評　　分　　項　　目	視為左列之一者不予評分。
一　□ 依據應檢人須知 二 之 □ 規定以不及格論處	屬於第四、五項者，請應檢人在本欄簽名：
二　□ 依據工作規則 □ 之 1 或 2 項不予評分者	
三　□ 依據試題動作要求(三)之 1 項不予評分者	
四　□ 未能於規定時間內完成者	
五　□ 提前棄權離場者	離場時間：　　時　　分

項目		評　　分　　標　　準	每處扣分	本項總扣分	最高扣分	實扣分	扣數	備註
一	電腦製圖	1.依照「電腦製圖規則」第3、4項規定	10		20			
		2.依照「電腦製圖規則」第5、6項規定	2					
二	焊接	1.依照「焊接規則」第2～6項規定	2		20			
三	裝配	1.依照「裝配規則」第3～8項規定	2		20			
四	功能	1.不符合試題動作要求(一)	5		60			
		2.不符合試題動作要求(二)	10					
		3.依據試題動作要求(三)之2項	25					
五	工作安全與習慣	1.耗用子板、母板、CPLD零件（限更換1次）	15		50			
		2.耗用或損毀主動零件	5					
		3.耗用或損毀被動零件	2					
		4.借用應檢人自備工具（項）	10					
		5.不符合工作安全要求	5					
		6.工作桌面未復原或儀器設備未歸位	5					
		7.離場前未清理工作崗位	10					

總　　　計	扣　　　分	
	得　　　分	

監評人員簽名		監評長簽名	

註：1.本評審表採扣分方式，以100分為滿分，得60分（含）以上者為「及格」。
　　2.應檢人若因電腦製圖、焊接、裝配、功能及工作安全與習慣等項扣分而「不及格」時，其原因應加註於備註欄。
　　3.成績核算務必確實核對（請勿於測試結束前先行簽名）。

3-2 電路繪圖

　　針對數位電子乙級檢定第一題繪製電路圖使用的軟體是 KiCad，在簡章上有提供第一題的電路圖與試場崗位電腦的桌面會有提供符號庫與封面庫，試題一電路圖使用的元件有：CPLD3064 子板、電阻器、NPN 電晶體與共陰型掃描式四位數七段顯示器，接下來只要跟著以下步驟就可以完成試題一的電路圖繪製。

　　操作 KiCad 軟體可搭配常見的快捷鍵來幫助繪圖更有效率，故首先讀者先記起來常用的一些快捷鍵功能如下：

常見的快捷鍵			
按鍵	功能	按鍵	功能
滾輪	放大縮小	A	輸入元件庫
Ctrl + 滾輪	左右捲動	P	給 PAD
Shift + 滾輪	上下捲動	E	進入屬性
Shift + 點滑鼠	群組移動	Insert	複製元件
Ctrl + 點元件	微調元件位置	S	PCB 設原點
ESC	放棄選取		

　　根據簡章所述，檢定會從 A ～ E 抽選一種接腳配置，如圖 3-1 所示，在此建議讀者在畫電路圖時要考慮到焊接時間安排的概念，故繪圖時以無跳線的單面板佈線為主，腳位的配置交給 CPLD 規劃腳位，這樣就可以減少許多焊接的時間。以下的教學步驟以抽到 B 腳位選項來做示範：

A	J2													J3											
	P4	P5	P6	P8	P9	P11	P12	P14	P16	P18	P19	P20	P21	P24	P25	P26	P27	P28	P29	P31	P33	P34	P37	P39	P40	P41
	✓	✓	✓	✓	✓									✓	✓	✓	✓	✓								

B	J2													J3											
	P4	P5	P6	P8	P9	P11	P12	P14	P16	P18	P19	P20	P21	P24	P25	P26	P27	P28	P29	P31	P33	P34	P37	P39	P40	P41
									✓	✓	✓	✓	✓									✓	✓	✓	✓	✓

C	J2													J3											
	P4	P5	P6	P8	P9	P11	P12	P14	P16	P18	P19	P20	P21	P24	P25	P26	P27	P28	P29	P31	P33	P34	P37	P39	P40	P41
	✓	✓	✓	✓	✓																	✓	✓	✓	✓	✓

D	J2													J3											
	P4	P5	P6	P8	P9	P11	P12	P14	P16	P18	P19	P20	P21	P24	P25	P26	P27	P28	P29	P31	P33	P34	P37	P39	P40	P41
							✓	✓	✓	✓	✓			✓	✓	✓	✓	✓								

E	J2													J3											
	P4	P5	P6	P8	P9	P11	P12	P14	P16	P18	P19	P20	P21	P24	P25	P26	P27	P28	P29	P31	P33	P34	P37	P39	P40	P41
		✓	✓	✓	✓	✓										✓	✓	✓	✓	✓						

圖 3-1　檢定抽選腳位題目

3-2-1 符號庫編輯繪製

步驟 1 ▶ 點 KiCad icon 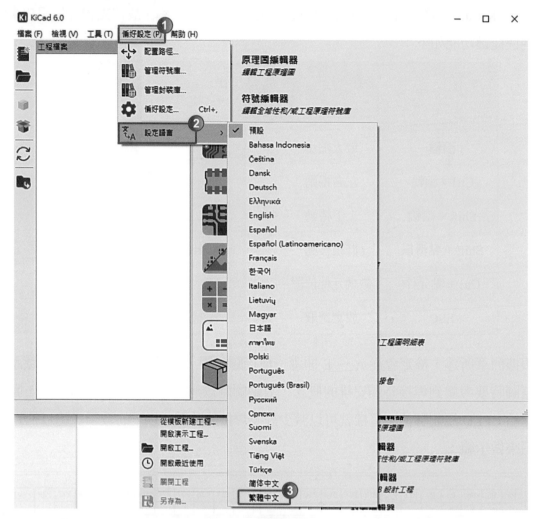 。

步驟 2 ▶ 設定語言，選擇繁體中文，如圖 3-2 所示。

註 ▶ 此軟體使用中文語言會常讓視窗當機，若軟體當機請至電腦工作管理員按此軟體關閉再重開

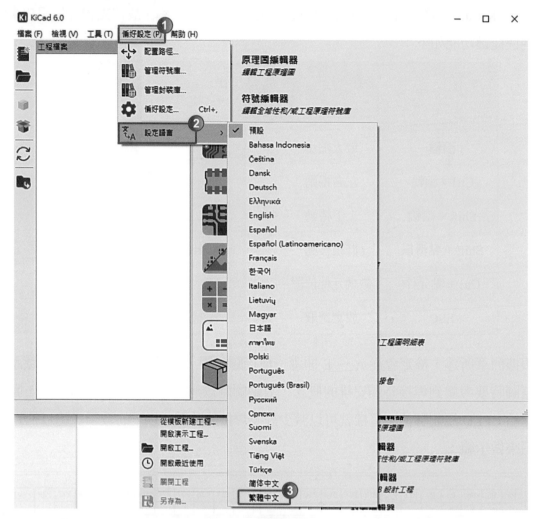

圖 3-2　選擇繁體中文

步驟 3 ▶ 如圖 3-3 所示，點檔案 → 新建工程。命名為 11700-110201，如圖 3-4 所示。

圖 3-3　新建工程

圖 3-4　命名為 11700-110201

步驟 4 完成後看到如圖 3-5 所示，接著按「符號編輯器」。

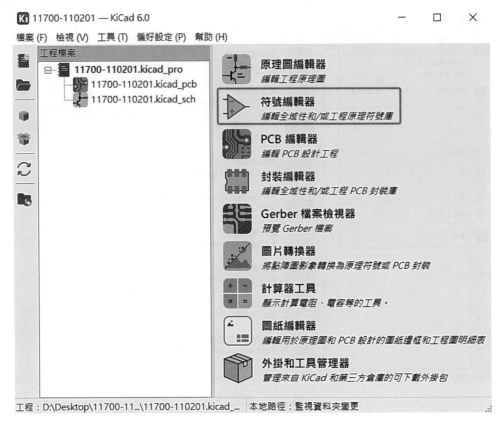

圖 3-5 按「符號編輯器」

• 編輯環境設定

步驟 5 修改網格形式 (讓頁面看得比較清楚)，如圖 3-6 所示。

圖 3-6 修改網格形式

步驟 6 在顯示選項中選擇小十字，再按確定，如圖 3-7 所示。

圖 3-7　選擇小十字

步驟 7 網格選 mil 形式，並且在頁面中滑鼠右鍵網格選 100mil，如圖 3-8 所示。

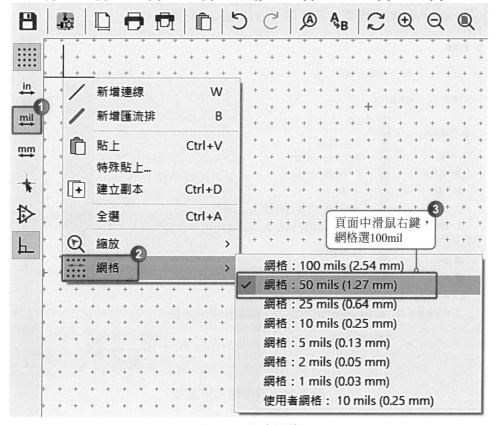

圖 3-8　設定網格

• 匯入桌面的符號庫

步驟 8 ▶ 匯入桌面的符號庫,點檔案 → 新增庫,如圖 3-9 所示。

步驟 9 ▶ 點選工程,再按確定,如圖 3-10 所示。

圖 3-9　新建庫

圖 3-10　點選工程

步驟 10 ▶ 選擇匯入符號庫檔案,再按開啓,如圖 3-11 所示。

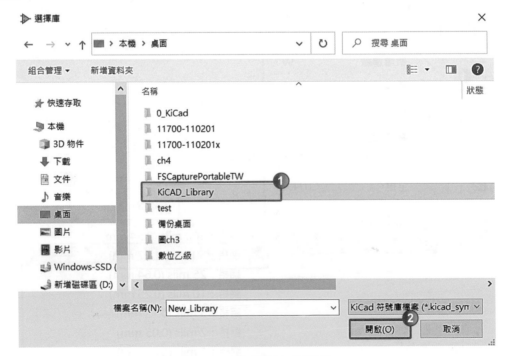
圖 3-11　選擇匯入符號庫

步驟 11 選擇 New_Library.kicad_sym，再按開啓，如圖 3-12 所示。

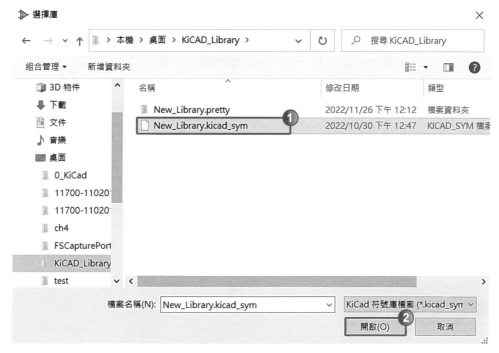

圖 3-12　選擇 New_Library.kicad_sym

步驟 12 之後會看到符號庫匯入進來，如圖 3-13 所示。

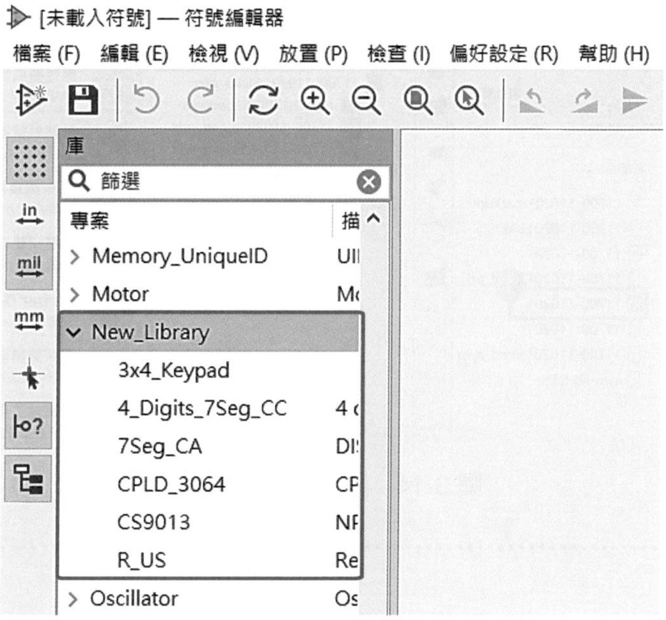

圖 3-13　符號庫匯入後

步驟 13 更改 CPLD_3064 電源的屬性，否則繪製原理圖後做電氣規則檢查會出現錯誤，設定如下圖所示。

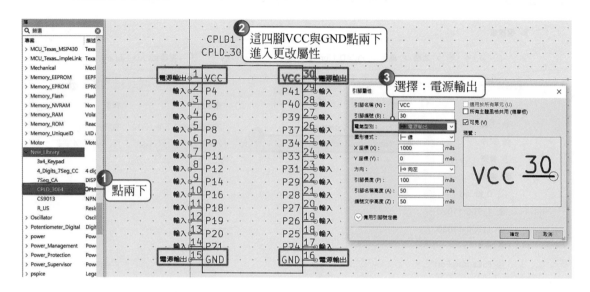

3-2-2 電路圖 SCH 繪製

步驟 1 在 11700-110201 資料夾底下點 KiCad，開啟該檔案專案，再點原理圖編輯器，如圖 3-14 所示。

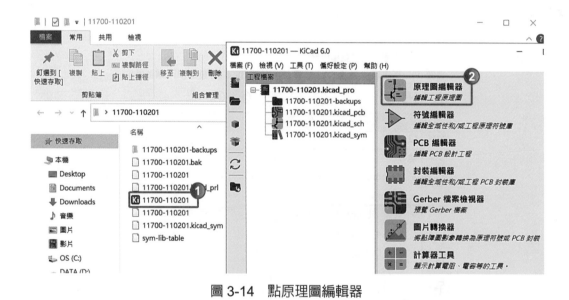

圖 3-14 點原理圖編輯器

● 編輯環境設定

步驟 2 進入頁面後先修改網格形式 (讓頁面看得比較清楚)，在上列工作列選偏好設定，再選偏好設定 → 小十字，如圖 3-15 所示。

圖 3-15　修改偏好設定

步驟 3　網格點選 mil 形式，並且選擇 100mil，如圖 3-16 所示。

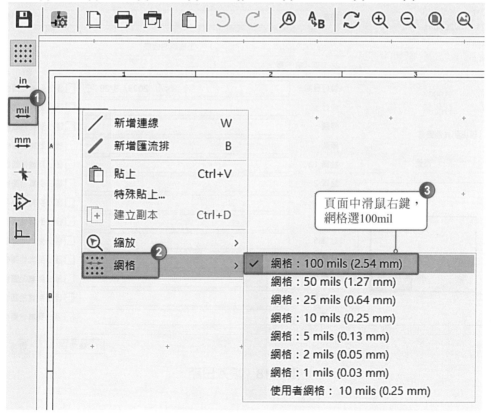

圖 3-16　網格點選 mil

- 電路圖的繪製者資訊設定，包含術科測試編號、崗位號碼與檢定日期

步驟 4 ▶ 按檔案，再點圖框設定，如圖 3-17 所示。

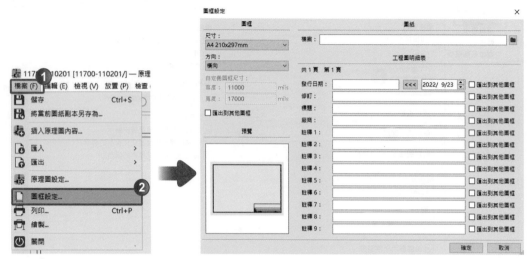

圖 3-17　圖框設定

步驟 5 ▶ 在發行日期這個欄位按 <<<，將日期填入至欄位內，如圖 3-18 所示。

圖框		圖紙	
尺寸： A4 210x297mm		檔案：	📁
方向： 橫向		工程圖明細表	
自定義圖框尺寸：		共 1 頁　第 1 頁	
高度： 11000 mils		發行日期：	<<< 2023/ 3/29 ☐ 匯出到其他圖框
寬度： 17000 mils		修訂：	☐ 匯出到其他圖框
☐ 匯出到其他圖框		標題：	☐ 匯出到其他圖框
		廠商：	☐ 匯出到其他圖框
預覽		註釋 1：	☐ 匯出到其他圖框
		註釋 2：	☐ 匯出到其他圖框
		註釋 3：	☐ 匯出到其他圖框
		註釋 4：	☐ 匯出到其他圖框
		註釋 5：	☐ 匯出到其他圖框
		註釋 6：	☐ 匯出到其他圖框
		註釋 7：	☐ 匯出到其他圖框
		註釋 8：	☐ 匯出到其他圖框
		註釋 9：	☐ 匯出到其他圖框
			確定　　取消

圖 3-18　填入日期

步驟 6 在標題這個欄位鍵入第一試題的術科測試編號與崗位編號 11700-110201-01，
其中 01 代表崗位編號，如圖 3-19 所示。

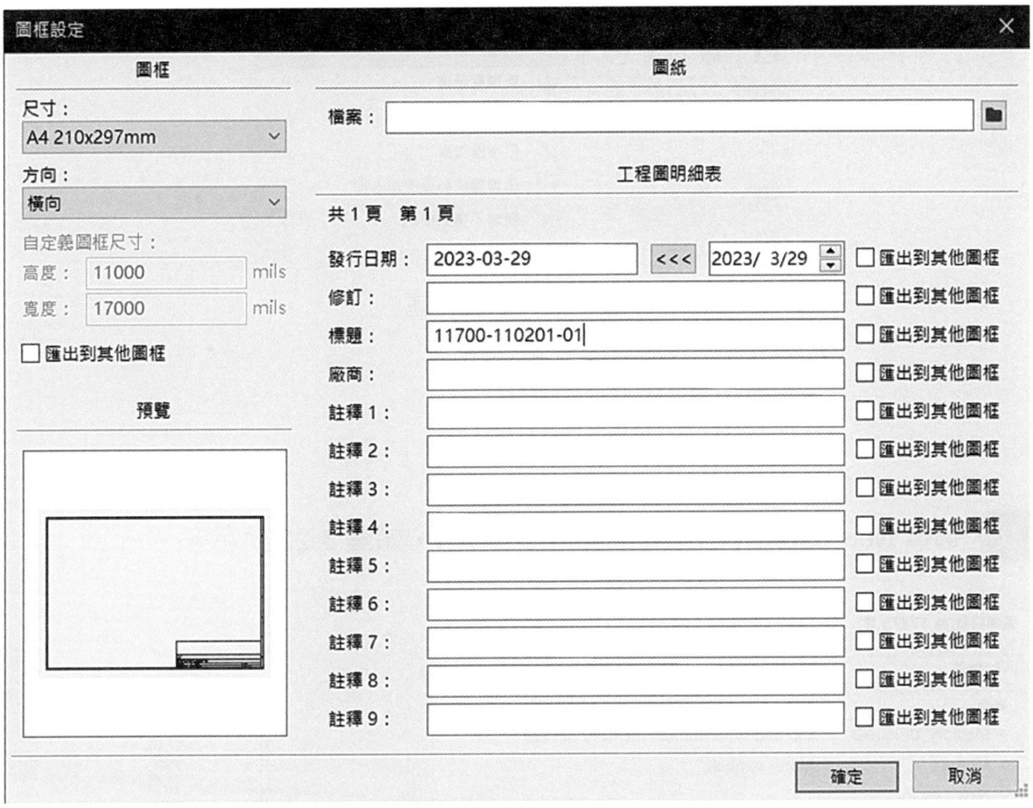

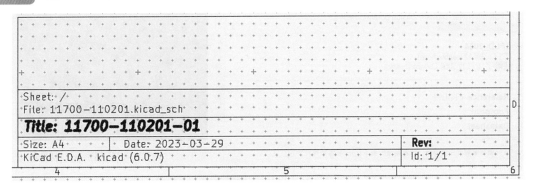

圖 3-19 填入術科測試編號與崗位編號

步驟 7 輸入完畢後再按確定，可看到頁面右下方出現輸入的資訊，如圖 3-20 所示。

圖 3-20 頁面右下方出現輸入的資訊

- 新增電路元件符號

步驟 8 ▶ 按放置 → 新增符號或按右側工具列 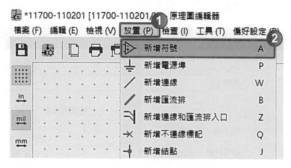，如圖 3-21 所示。

圖 3-21　新增符號

步驟 9 ▶ 選擇 New_Library 符號庫的 CPLD_3064，如圖 3-22 所示。

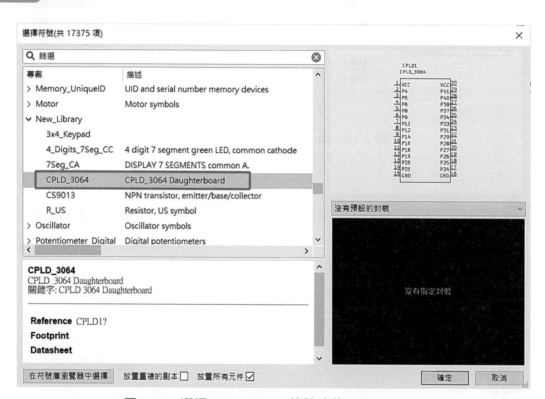

圖 3-22　選擇 New_Library 符號庫的 CPLD_3064

步驟 10 共陰型掃描七段顯示器選擇 New_Library 符號庫的 4_Digits_7Seg_CC，如圖 3-23 所示。

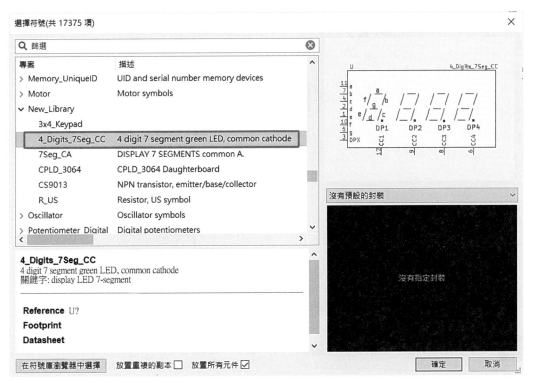

圖 3-23 共陰型掃描七段顯示器選 4_Digits_7Seg_CC

步驟 11 電晶體選擇 New_Library 符號庫的 CS9013，如圖 3-24 所示。

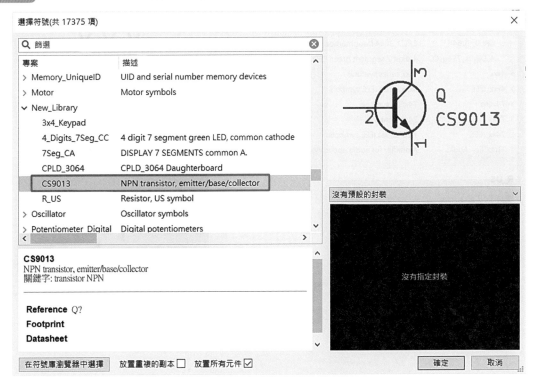

圖 3-24 選擇 New_Library 符號庫的 CS9013

接著複製電晶體元件，共四顆，如圖 3-25 所示。

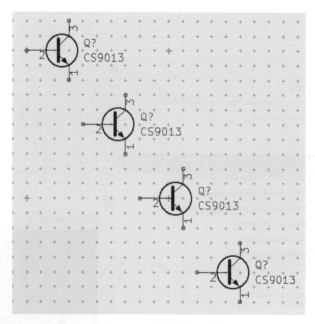

圖 3-25　電晶體四顆

步驟 12　電阻選擇 New_Library 符號庫的 R_US，如圖 3-26 所示。

圖 3-26　選擇 New_Library 符號庫的 R_US

先點選電阻元件，按鍵盤 E，更改電阻屬性 Value 為 220，如圖 3-27 所示。

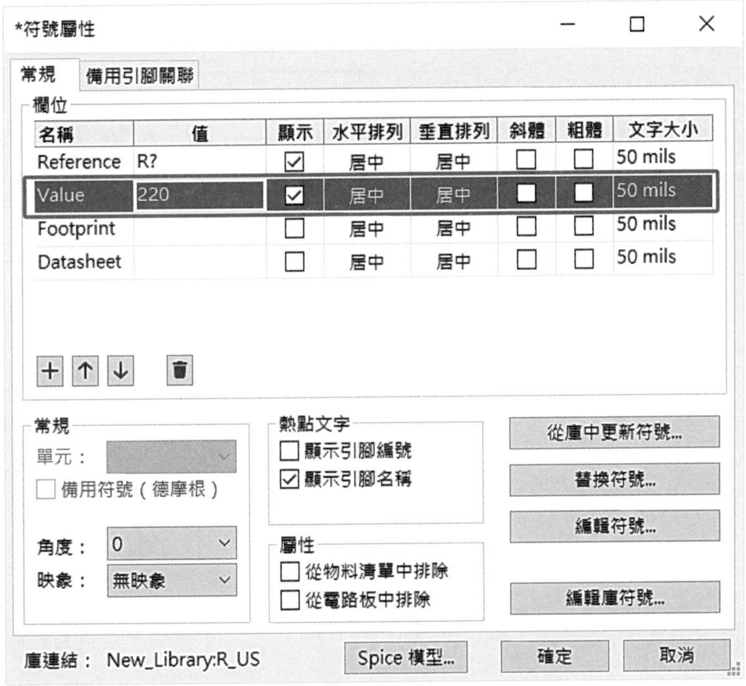

圖 3-27　更改電阻屬性 Value 為 220

利用快捷鍵 Insert 或 ctr + C 複製及 ctr + V 貼上，完成複製八顆 220Ω，如圖 3-28 所示。

圖 3-28　複製八顆 220Ω

再複製一顆電阻，並將屬性 Value 改為 2.2k，共複製有四顆 2.2kΩ，如圖 3-29 所示。

圖 3-29　複製四顆 2.2kΩ

步驟 13 呼叫元件 VCC 與 GND，擺放所有的元件如圖 3-30 所示。

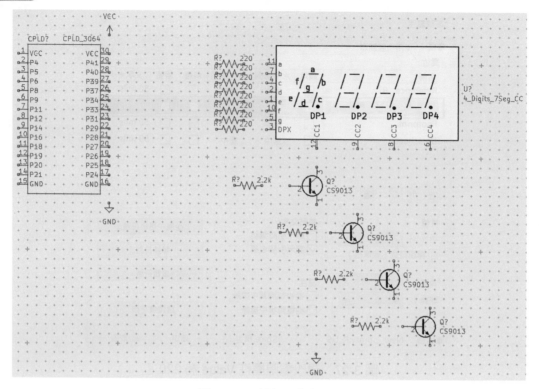

圖 3-30　所有元件擺放

• 自動編號元件符號

接下將所有 ? 元件採用自動編號，按工具 → 批註原理圖，如圖 3-31 所示。

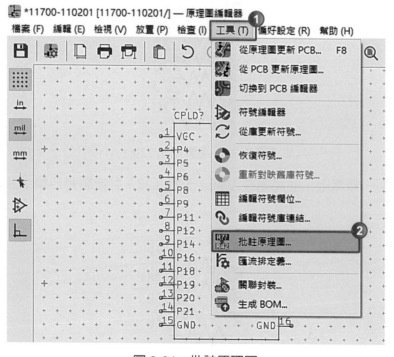

圖 3-31　批註原理圖

批註原理圖設定如圖 3-32 所示，之後按批註。

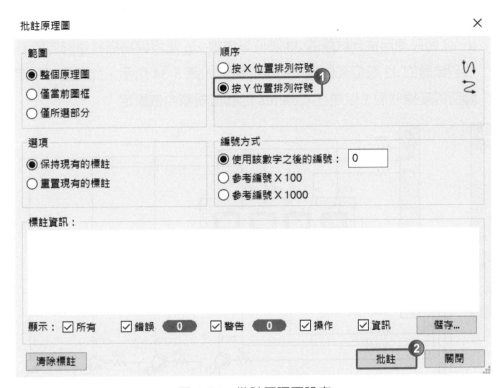

圖 3-32　批註原理圖設定

完成元件編號如圖 3-33 所示。

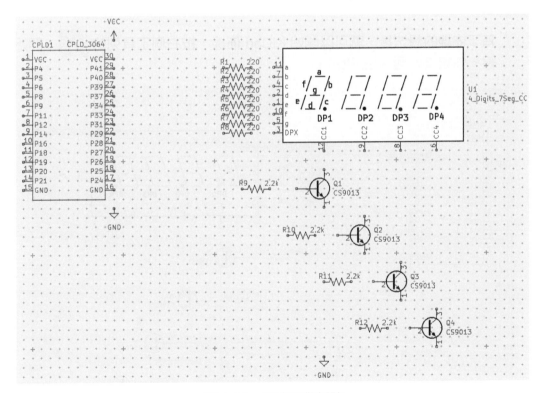

圖 3-33　完成元件編號

• 電路佈線

步驟 14 開始佈線前必須先考慮到焊接所需的時間與佈線的佈局，所以在七段顯示器的
a～f 區段使用抽到試題的 J3 腳位來佈線，g 區段與掃描共通腳的控制腳則由
抽到試題的 J2 腳位來佈線，佈線的情況如圖 3-34 所示，此時讀者一定要記錄
腳位的接線狀態，以便在 Quartus 的腳位規劃中做設定。

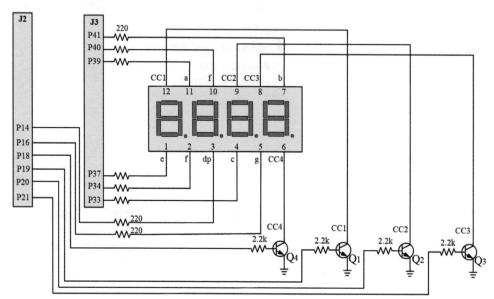

圖 3-34　規劃佈線腳位

有了佈線的想法後，就可以開始 KiCad 佈線，按右側工具列的 ⬚ ，開始佈
線。佈線圖如圖 3-35 所示。

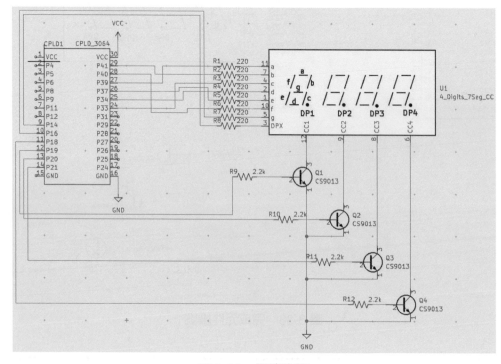

圖 3-35　電路佈線

步驟 15 將沒用到的接腳做無連線標註處理，按 ⤬ 完成如圖 3-36 所示。

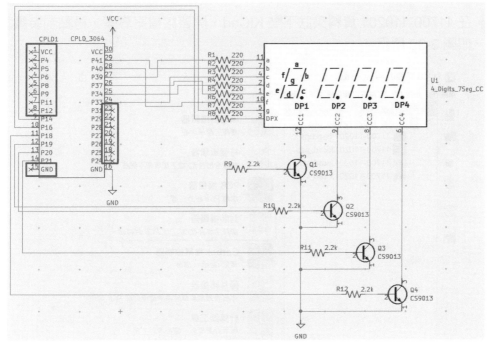

圖 3-36　做無連線標註處理

....

● 電氣規格檢查

步驟 16 畫完原理圖，按檢查 → 電氣規則檢查，做 ERC 測試，如圖 3-37 所示。

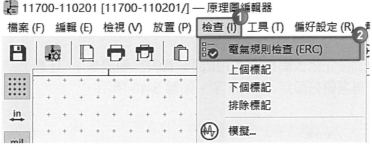

圖 3-37　電氣規則檢查

按執行 ERC，沒有錯誤即完成原理圖繪製，如圖 3-38 所示。

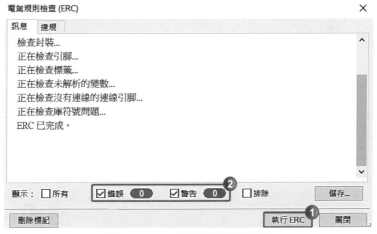

圖 3-38　電氣規則檢查結果

3-2-3 PCB 封裝庫 Footprint 繪製

步驟 1 在 11700-110201 資料夾底下點 KiCad，開啟該檔案專案，再點封裝編輯器，如圖 3-39 所示。

圖 3-39　點封裝編輯器

- 編輯環境設定

步驟 2 進入頁面後先修改網格形式 (讓頁面看得比較清楚)，在最上方的工作列選偏好設定，再選偏好設定 → 小十字，如圖 3-40 所示。

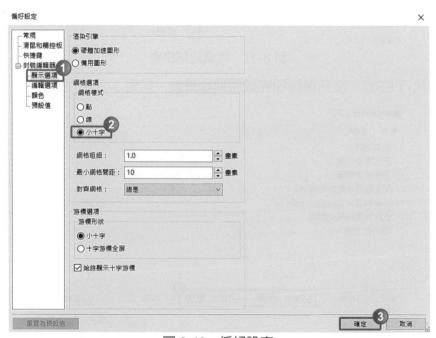

圖 3-40　偏好設定

步驟 3 網格點選 mil 形式，並且選擇 100mil，如圖 3-41 所示。

圖 3-41 網格點選 mil 形式

● 匯入 Footprint 封裝元件庫設定

步驟 4 按檔案 → 新增庫，如圖 3-42 所示。

步驟 5 選工程後按確定，如圖 3-43 所示。

圖 3-42 新增庫

圖 3-43 選工程

步驟 6 ▸ 選擇桌面 KiCAD_Library 資料夾內的 New_Library.pretty 資料夾,如圖 3-44 所示。

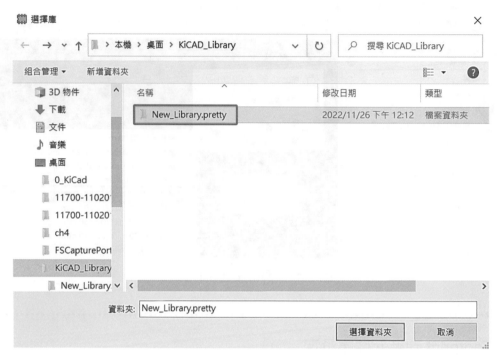

圖 3-44　選擇 New_Library.pretty 資料夾

步驟 7 ▸ 可看到已匯入的封裝元件 ，如圖 3-45 所示。

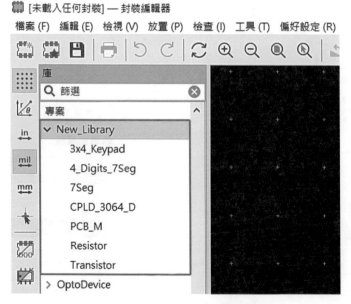

圖 3-45　看到已匯入的封裝元件

為了方便對位 PCB 佈線可以增加母板 PCB_M 定位點，修改步驟如下：

Step 1 ⟩ 滑鼠左鍵點 PCB_M 兩下，如下圖所示。

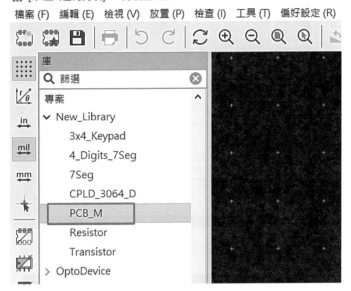

Step 2 ⟩ 頁面上滑鼠右鍵，選擇網格 25mil，如下圖所示。

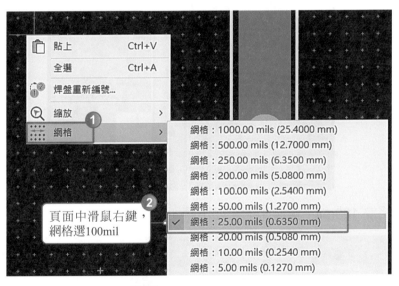

Step 3 ⟩ 右側工具列點繪製矩形，在對應頁面位置畫出矩形，如下圖所示。

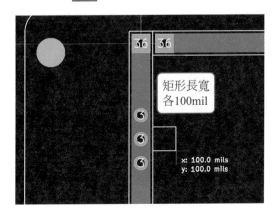

Step 4 > 更改矩形屬性，填充形狀打勾，如下圖所示。

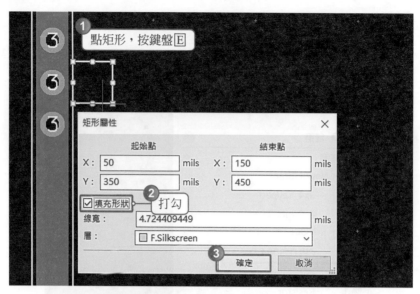

Step 5 > 填充形狀完成，並按鍵盤 S 設定原點在矩形上，如下圖所示。

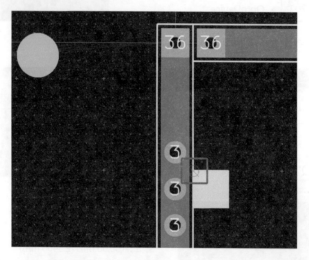

Step 6 > 改網格為 100mil，複製矩形，如下圖所示。

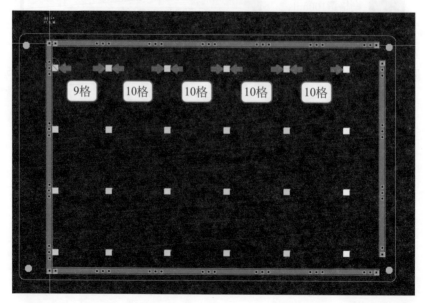

Step 7 ⟩ 按鍵盤 S 設定原點，如下圖所示，最後記得按儲存 💾 。

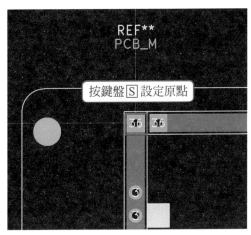

3-2-4 佈線圖 PCB 繪製

若打開 PCB 編輯器有時容易當機，原因是中文輸入法的關係，在系統上就要設定輸入法為 English，若您的系統是 Windows 10 步驟如下：

步驟 1 ⟩ 語言喜好設定。

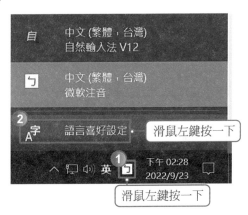

圖 3-46 語言喜好設定

步驟 2 ⟩ 新增語言。

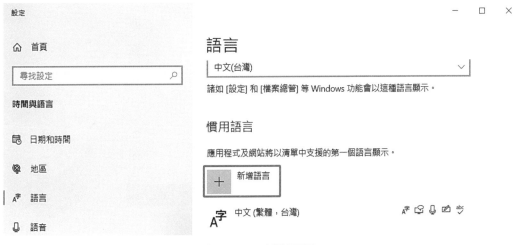

圖 3-47 新增語言

步驟 3 選擇美國。

設定
首頁
尋找設定
時間與語言
日期和時間
地區
語言
語音
選擇要安裝的語言
english
輸入english
English (South Africa)
英文 (南非)
English (United States)
英文 (美國)
選擇美國
English (United Kingdom)
英文 (英國)
English (New Zealand)
英文 (紐西蘭)
顯示語言
文字轉換語音
語音辨識
手寫
下一步
取消

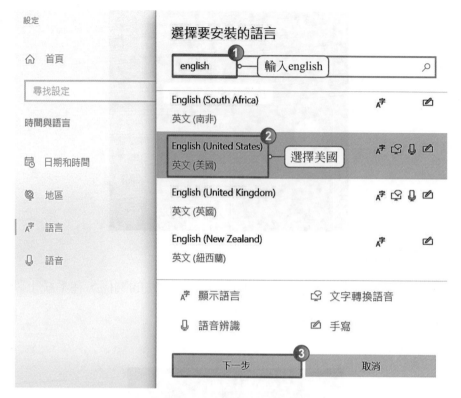

圖 3-48　選擇安裝語言

步驟 4 選擇性語言功能可都不勾選，再按安裝。

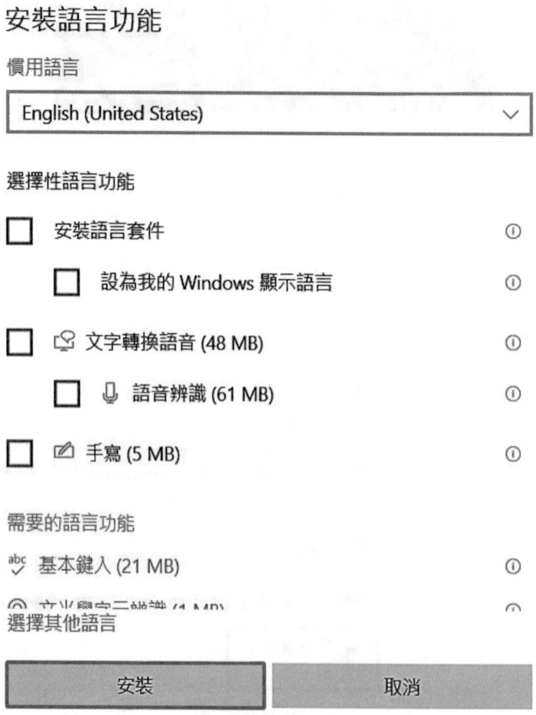

安裝語言功能
慣用語言
English (United States)
選擇性語言功能
安裝語言套件
設為我的 Windows 顯示語言
文字轉換語音 (48 MB)
語音辨識 (61 MB)
手寫 (5 MB)
需要的語言功能
基本鍵入 (21 MB)
選擇其他語言
安裝
取消

圖 3-49　安裝

步驟 5 語言選擇 ENG

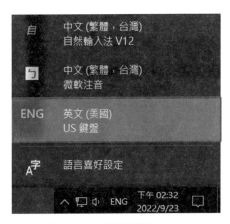

圖 3-50 語言選擇 ENG

完成自製封裝元件後,接下來就可以開始繪製 PCB 電路圖,操作的步驟如下:

步驟 1 在 11700-110201 資料夾底下點 KiCad,開啟該檔案專案,再點 PCB 編輯器,如圖 3-51 所示。

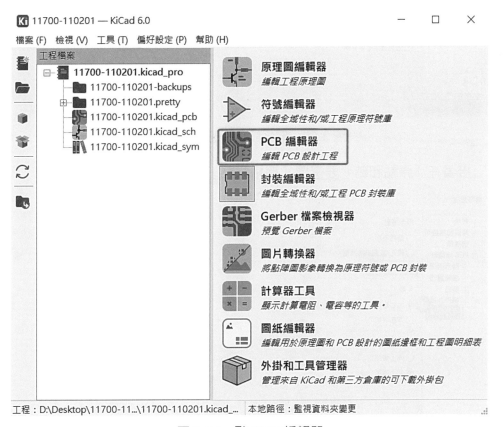

圖 3-51 點 PCB 編輯器

● 編輯環境設定

步驟 2 進入頁面後先修改網格形式 (讓頁面看得比較清楚)，在最上方的工作列選偏好設定，再選偏好設定 → 小十字，如圖 3-52 所示。另外若 KiCad 常常當機可以將渲染引擎選擇「備用圖形」，可以減少當機情形。

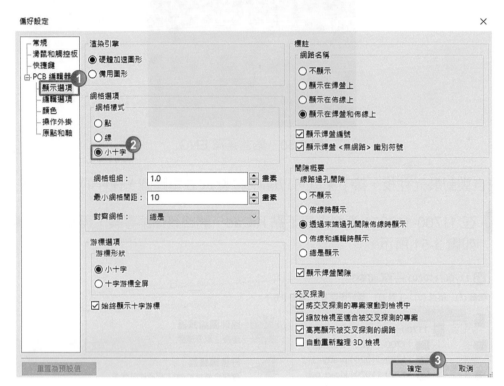

圖 3-52　偏好設定修改網格形式

接著在「原點和軸」要選擇「網格原點」，如圖 3-53 所示。

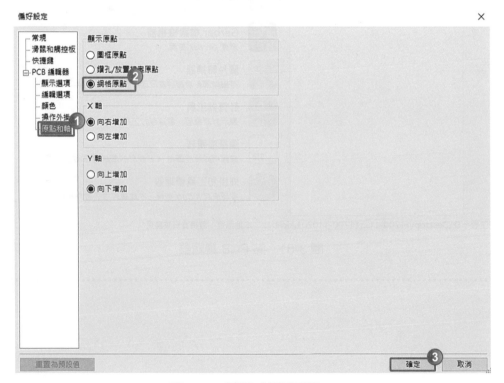

圖 3-53　選擇「網格原點」

步驟 3 ▶ 網格點選 mil 形式，並且選擇 100mil，如圖 3-54 所示。

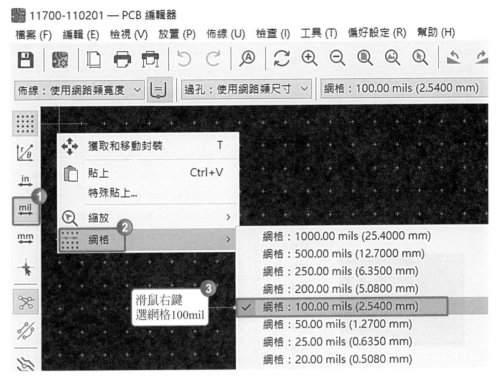

圖 3-54 網格點選 mil 形式

•••

● 電路圖的繪製者資訊設定，包含術科測試編號、崗位號碼與檢定日期

步驟 4 ▶ 按檔案，再點圖框設定，如圖 3-55 所示。

圖 3-55 圖框設定

步驟 5 在發行日期這個欄位按 <<<，將日期填入至欄位內，如圖 3-56 所示。

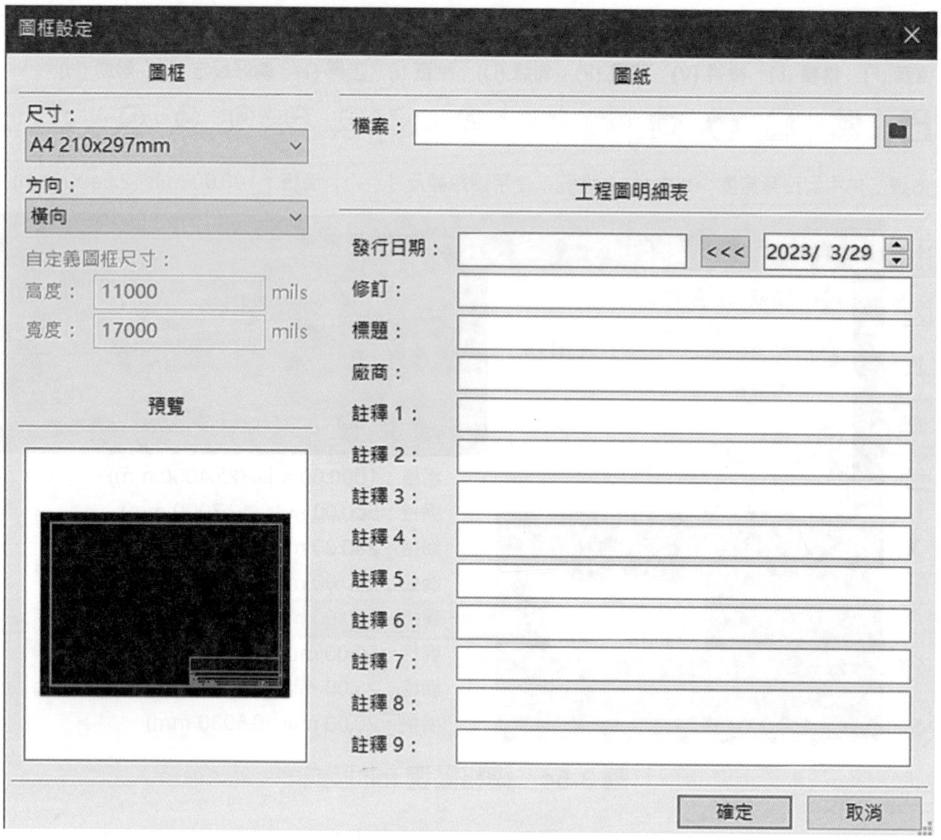

圖 3-56　填入日期

步驟 6 在標題這個欄位鍵入第一試題的術科測試編號與崗位編號 11700-110201-01，其中 01 代表崗位編號，如圖 3-57 所示。

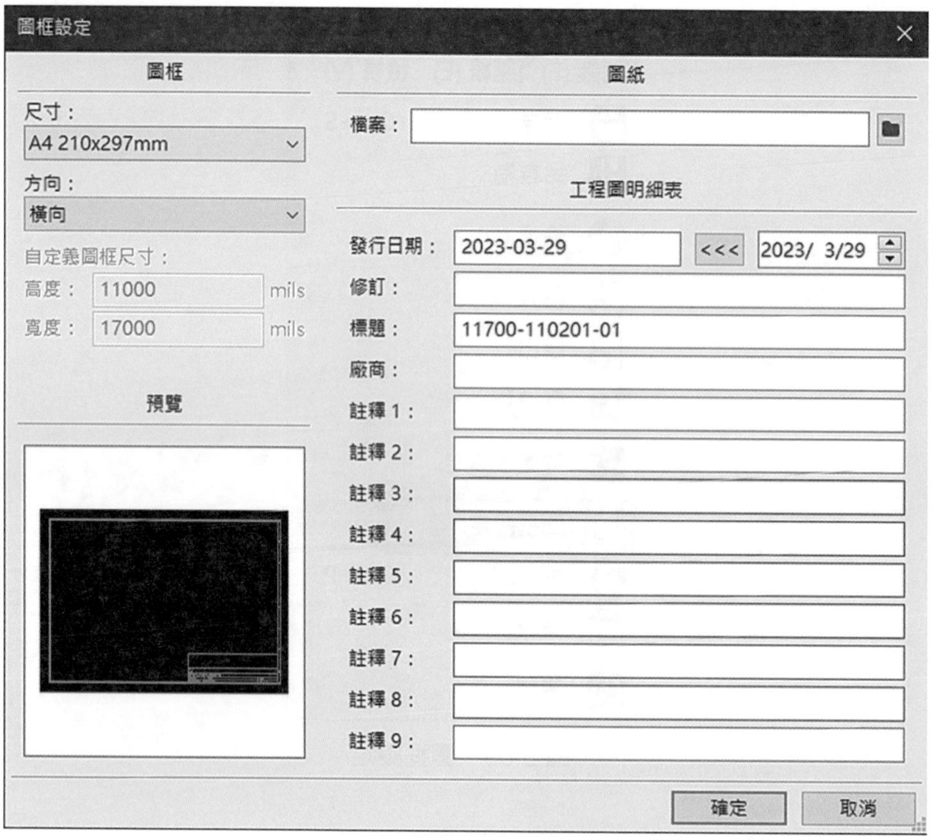

圖 3-57　圖框設定的註釋

步驟 7 輸入完畢後再按確定，可看到頁面右下方出現輸入的資訊，如圖 3-58 所示。

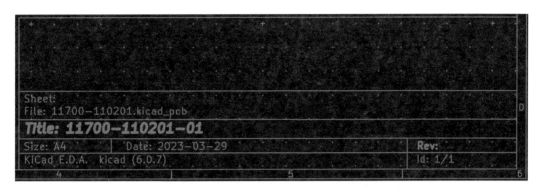

圖 3-58　頁面右下方出現輸入的資訊

● 開始繪製 PCB 檢定電路板板框

步驟 8 按鍵盤 [A]，呼叫封裝庫的 PCB_M，如圖 3-59 所示。

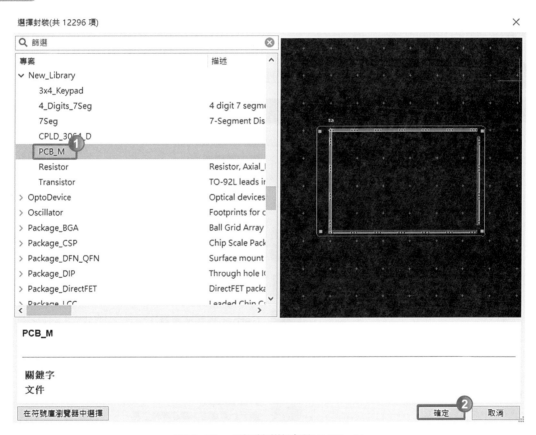

圖 3-59　呼叫封裝庫的 PCB_M

步驟 9　PCB 頁面上十字間隔為 10 點，為配合檢定版實體佈線故將 PCB_M 放置於 PCB 頁面中間，並按鍵盤 Ｓ 設原點於如圖 3-60 所示的地方。

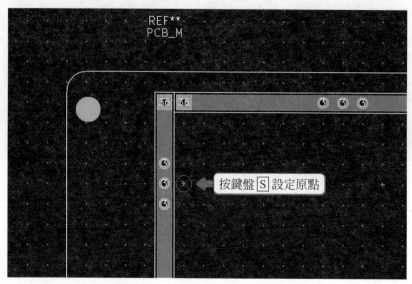

圖 3-60　設定 PCB_M 原點地方

- 檢查與設定原理圖的各元件封裝

步驟 10　回到原理圖編輯器，輸入各元件的封裝名稱 (Footprint)，如圖 3-61 所示。

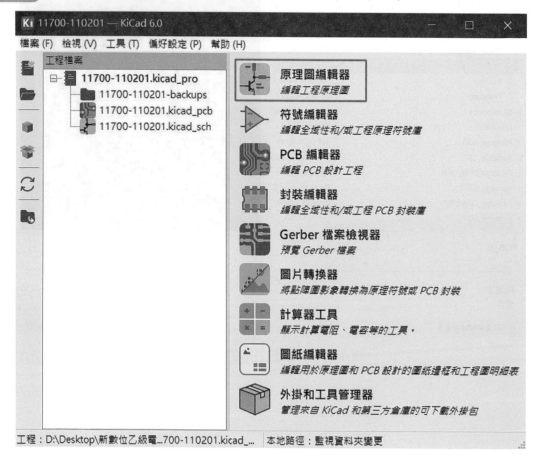

圖 3-61　回到原理圖編輯器

(1) 進入原理圖編輯器後，在上方工具列中按 ⊞，再點 CPLD1 的 Footprint，
看到的頁面如圖 3-62 所示。

圖 3-62　CPLD1 的 Footprint

選擇 New_Library 的封裝 CPLD_3064_D，如圖 3-63 所示。

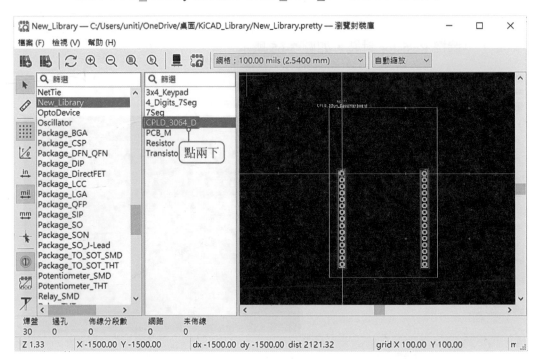

圖 3-63　選擇 New_Library 的封裝 CPLD_3064_D

(2) 點 R1-R8 與 R9-R12 的 Footprint，如圖 3-64 所示。

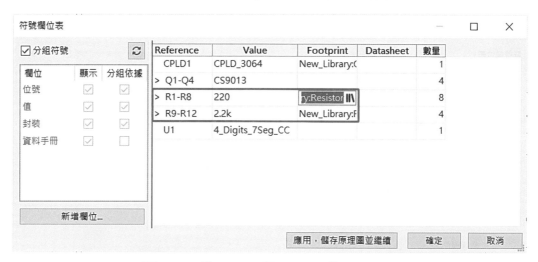

圖 3-64　點 R1-R8 與 R9-R12 的 Footprint

選擇 Resistor 封裝，如圖 3-65 所示。

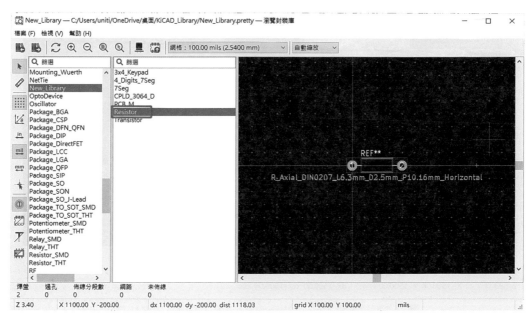

圖 3-65　選擇 Resistor 封裝

(3) 點 Q1-Q4 的 Footprint，如圖 3-66 所示。

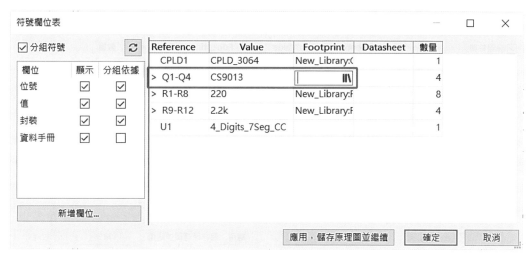

圖 3-66　點 Q1-Q4 的 Footprint

選擇 Transistor 封裝，如圖 3-67 所示。

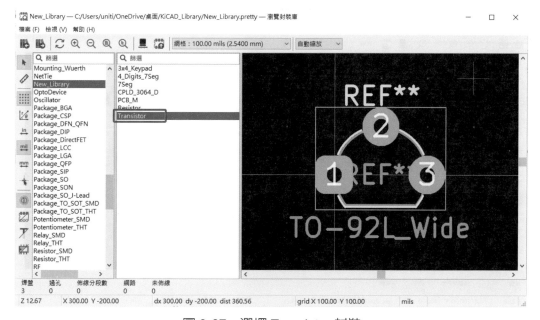

圖 3-67　選擇 Transistor 封裝

(4) 點 U1 的 Footprint，如圖 3-68 所示。

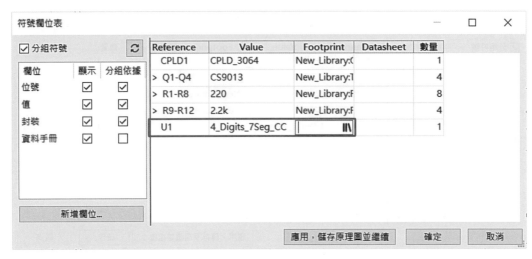

圖 3-68　點 U1 的 Footprint

選擇 4_Digits_7Seg 封裝，如圖 3-69 所示。

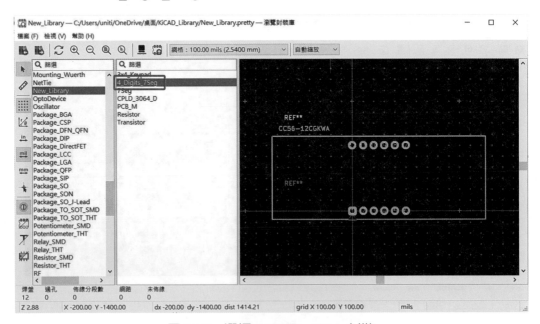

圖 3-69　選擇 4_Digits_7Seg 封裝

完成 Footprint 表格後按確定，如圖 3-70 所示，之後記得存檔。

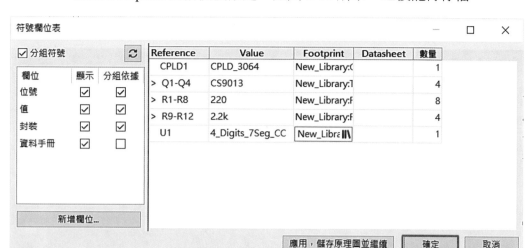

圖 3-70　完成 Footprint 表格

● 將 SCH 原理圖匯入 PCB 佈線圖

步驟 11　回到 PCB 編輯器，按 匯入 PCB 圖，如圖 3-71 所示。

圖 3-71　匯入 PCB 圖

步驟 12　按更新 PCB，如圖 3-72 所示。

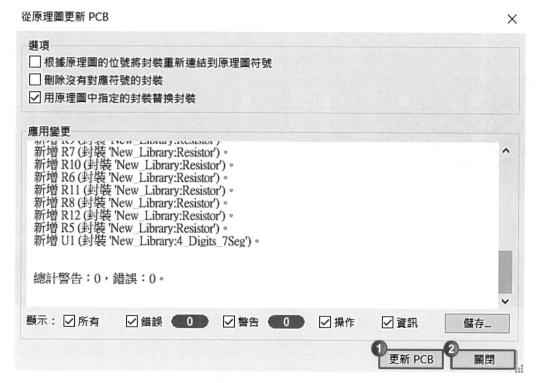

圖 3-72　更新 PCB

再按關閉可以看到所有 PCB 的元件，再選擇空曠處放置這些元件，如圖 3-73 所示。

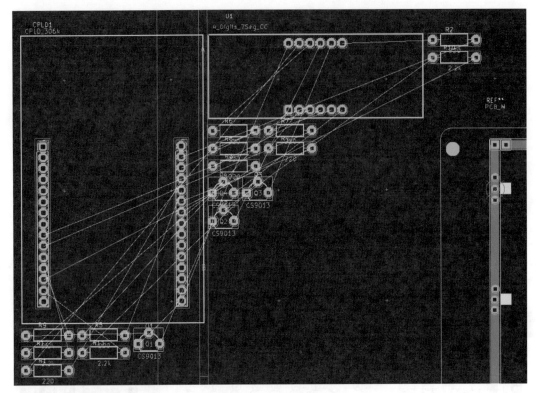

圖 3-73　放置元件

步驟 13　開始拖曳 PCB 元件放於適當位置，如圖 3-74 所示。

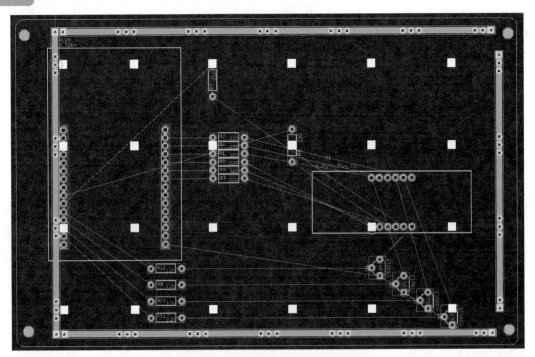

圖 3-74　PCB 元件放於適當位置

● 佈線前要設定佈線規格，以統一佈線規矩

步驟 14 設定佈線規則

(1) 設定佈線規格，先點佈線 → 編輯預定義尺寸，如圖 3-75 所示。

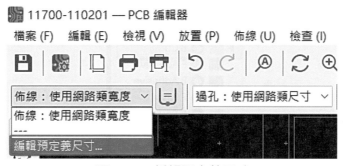

圖 3-75　編輯預定義尺寸

(2) 依序填入資料，如圖 3-76 所示。

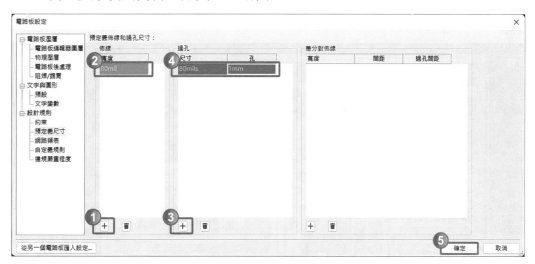

圖 3-76　填入資料

(3) 選擇自設的佈線與過孔設定，如圖 3-77 所示。

圖 3-77　選擇自設的佈線與過孔設定

• 開始佈線，佈線面選 B.Cu 圖層，元件面選 F.Cu

(4) 右側工具列圖層選 B.Cu，如圖 3-78 所示。

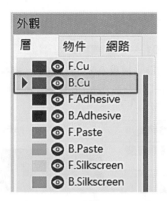

圖 3-78　圖層選 B.Cu

步驟 15 ▶ 按 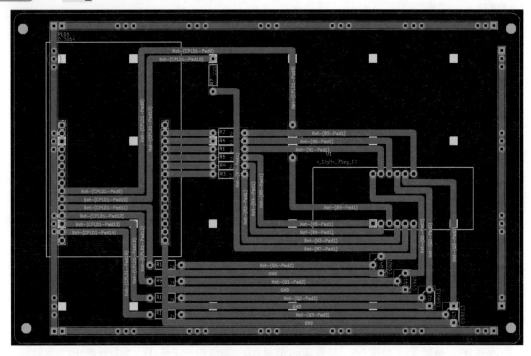 開始佈線，完成如圖 3-79 所示。

圖 3-79　佈線圖

● 列印電路圖設定

步驟 16 按 🖶，列印設定

(1) 如圖 3-80 所示，做元件面設定，完成後可預覽元件面，如圖 3-81 所示。

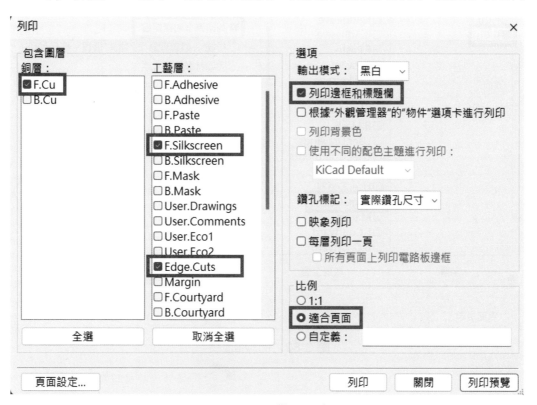

圖 3-80　元件面設定

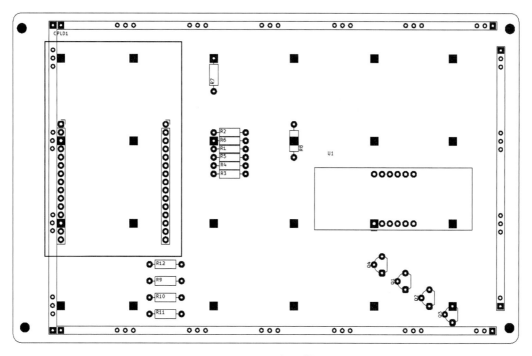

圖 3-81　預覽元件面

(2) 如圖 3-82 所示,做佈線面設定,完成後可預覽佈線面,如圖 3-83 所示。

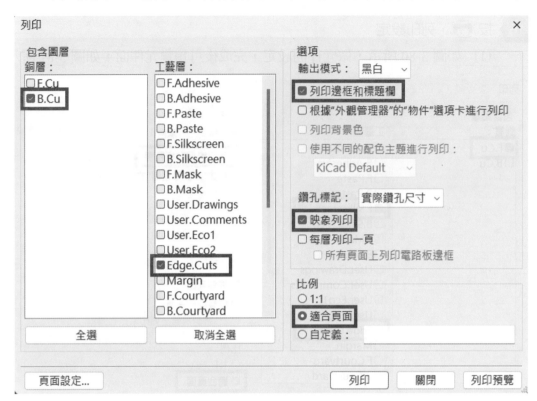

圖 3-82　佈線面設定

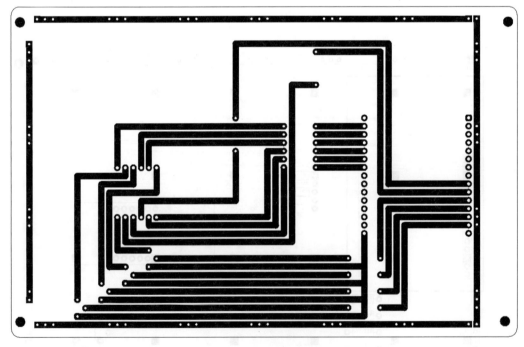

圖 3-83　預覽佈線面

　　完成繪圖後檢定者可以先焊接子板再按照圖 3-81 與圖 3-83 元件位置開始焊接電路，如圖 3-84 所示為抽到 B 型式腳位的元件面完成圖，圖 3-85 所示為抽到 B 型式腳位的佈線面完成圖。

圖 3-84　B 型式腳位的元件面

圖 3-85　B 型式腳位的佈線面

完成抽題 B 型式腳位規劃後，讀者依序可多練習操作步驟，練習過程可以再練試題 A、C、D、E 指定接腳的腳位規劃，以下為這四種指定接腳的繪圖範例。

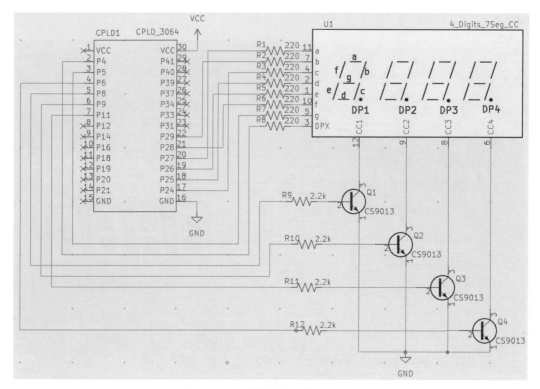

圖 3-86　A 指定接腳的原理圖

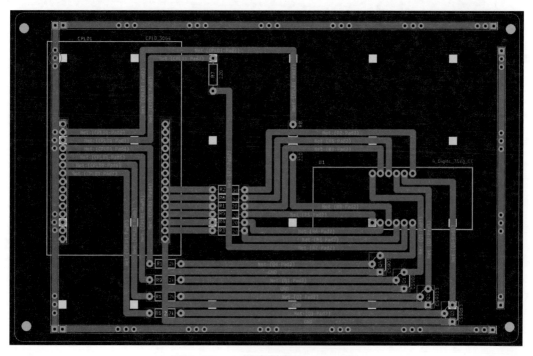

圖 3-87　A 指定接腳的 PCB 圖

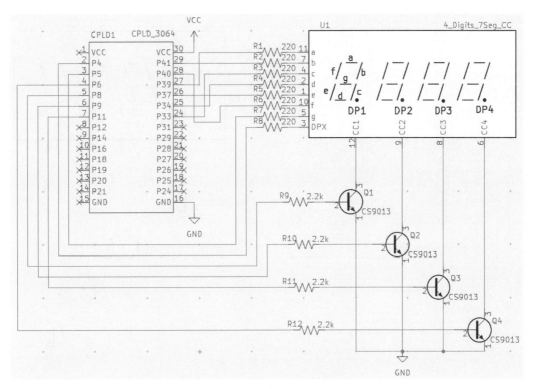

圖 3-88　C 指定接腳的原理圖

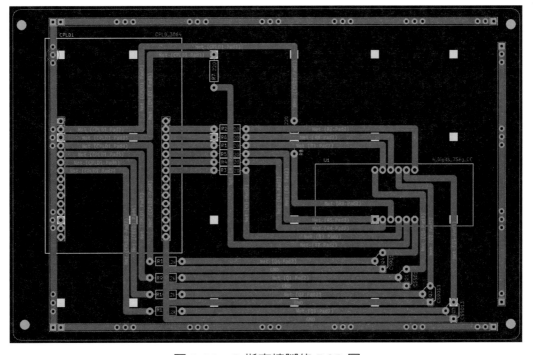

圖 3-89　C 指定接腳的 PCB 圖

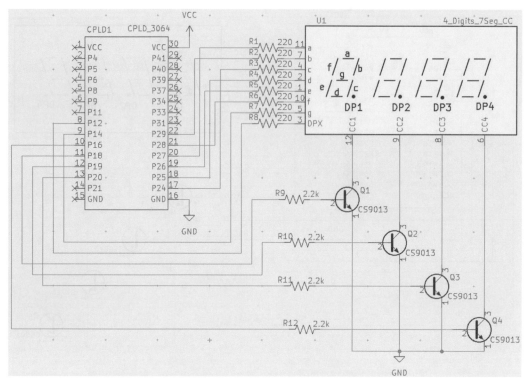

圖 3-90　D 指定接腳的原理圖

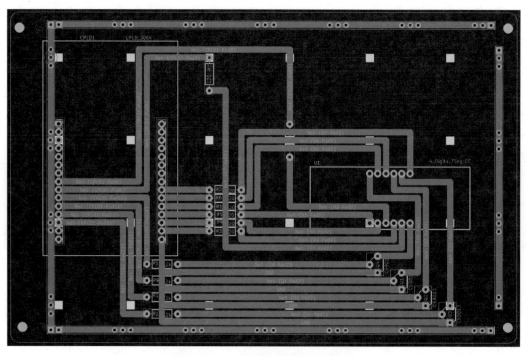

圖 3-91　D 指定接腳的 PCB 圖

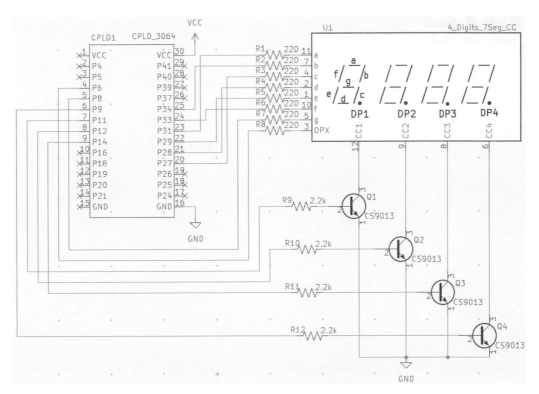

圖 3-92　E 指定接腳的原理圖

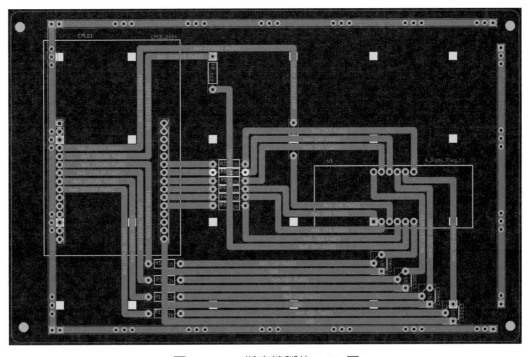

圖 3-93　E 指定接腳的 PCB 圖

CHAPTER

4

電路繪圖－試題二
鍵盤輸入顯示裝置

4-1 試題介紹

試題二：鍵盤輸入顯示裝置

一、試題編號：11700-110202

二、試題名稱：鍵盤輸入顯示裝置

三、測試時間：6 小時

四、試題說明：本試題依檢定電子電路圖分爲兩部分，第一部分爲母電路板，內容包括：(1) 以電腦輔助電路佈線軟體繪製佈線圖、(2) 依所繪製之佈線圖，以萬用電路板進行裝配及焊接；第二部分爲子電路板，內容包括：(1) 以蝕刻好的電路板進行裝配及焊接工作、(2) 以電子設計自動化 (EDA) 軟體完成可程式晶片之電路設計。並依組裝圖將母電路板與子電路板組合成試題動作要求，其工作說明如下：

（一） 依抽定之子板接腳組合及應檢人自行規劃之腳位，繪製電路圖。

（二） 依抽定之七段顯示器顯示內容，進行 CPLD 內部電路設計。

（三） 使用電腦輔助電路佈線軟體依繪製之電路圖轉成佈線圖，依電腦製圖規則，分別繪製標明零件接腳及零件代號之「零件佈置圖」（零件面）及裸銅線之「佈線圖」（銅箔面），完成後將「零件佈置圖」與「佈線圖（需鏡像輸出）」列印輸出。

（四） 電腦輔助電路佈線所需的板框樣式與零件庫，若非屬於標準零件庫，由應檢人自行建立，得使用試場提供之零件庫內容：

1. 符號庫參考檔案，置於桌面，檔案名稱爲 "桌面\KiCAD_Library\New_Library.kicad_sym"，內含下列 6 項符號。

編號	元件項目	名稱
1	CPLD 子版	CPLD_3064
2	4 位數 7 段顯示	4_Digits_7Seg_CC
3	1 位數 7 段顯示	7Seg_CA
4	3×4 鍵盤	3×4_Keypad
5	電晶體	CS9013
6	電阻	R_US

2. 封裝庫參考檔案，置於桌面，目錄名稱為 "桌面 \KiCAD_Library\New_ Library.pretty"，內含下列 7 項封裝檔案。

編號	元件項目	封裝名稱 (封裝檔案名稱：封裝名稱 .kicad_mod)
1	CPLD 子版	CPLD_3064_D
2	4 位數 7 段顯示	4_Digits_7Seg
3	1 位數 7 段顯示	7Seg
4	3×4 鍵盤	3×4_Keypad
5	電晶體	Transistor
6	電阻	Resistor
7	母板	PCB_M

（五） 裝配及焊接工作依「裝配規則」與「焊接規則」完成組裝。

（六） 母電路板實體之「零件佈置」與「裸銅線佈線」，必須與繪圖之「零件佈置」與「裸銅線佈線」相同。

（七） 子電路板之可程式晶片，使用 EDA 工具軟體依試題動作要求，進行電路設計、晶片規劃、接腳指定、下載燒錄後，完成功能測試。

（八） 本試題須完成母電路板之繪圖工作，及母電路板 (所有主動元件及限流電阻皆需佈線焊接) 與子電路板之組裝 (所有元件皆需完全組裝並焊接完成)，否則視同未完成不予評分。

五、試題動作要求：

（一） 子板接上電源後，LED1 指示燈應亮，未亮者扣 5 分。

（二） 未依抽定之子板接腳使用者，少一個接腳扣 10 分。

（三） 按下鍵盤，七段顯示器應出現對應之數字符號並須栓鎖於顯示器上，顯示內容要求，其中「*」及「#」顯示內容為由當日抽籤指定 (下表為範例)，顯示內容要求：

0	1	2	3	4	5	6	7	8	9	*	#
0	1	2	3	4	5	6	7	8	9	c	ɔ

1. 七段顯示器未依測試當日抽籤指定的題組顯示其內容 (例如：當日抽到的是 J 組，但七段顯示器顯示的是 K 組或其他組別的內容)，則不予評分。

2. 若鍵盤每一個數字符號對應之七段顯示器同一個節段內容顯示不正確，則每一節段扣 25 分，如：a 節段在 12 個數字符號的顯示都不正確，扣 25 分；不同數字符號不同段顯示不正確，則每字扣 25 分，如：數字符號 3 的 b 節段不正確、數字符號 5 的 f 節段不正確，其餘數字符號均正確，則二字共扣 50 分。一個錯誤僅扣一次不重複扣分。

六、試題參考圖表（鍵盤輸入顯示裝置）

（一） 檢定電子電路圖

1. 母電路板電路圖

（1） 母電路板參考電路圖

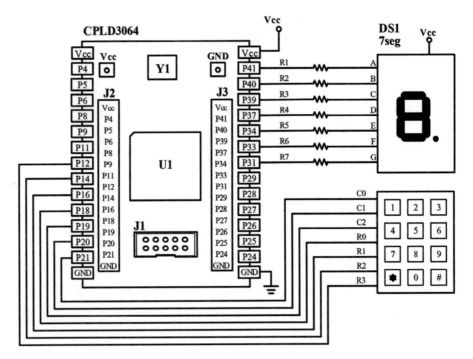

（2） 鍵盤參考規格尺寸圖

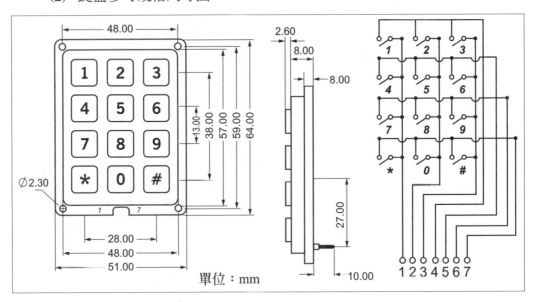

單位：mm

2. 子電路板

(1) 子電路板電路圖

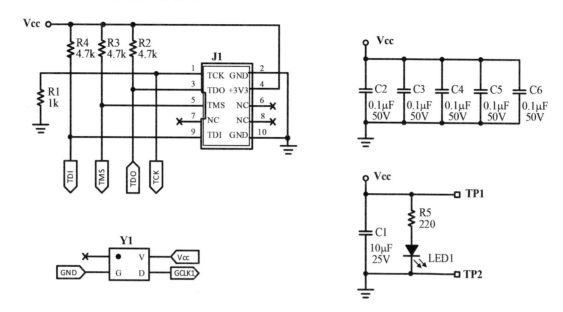

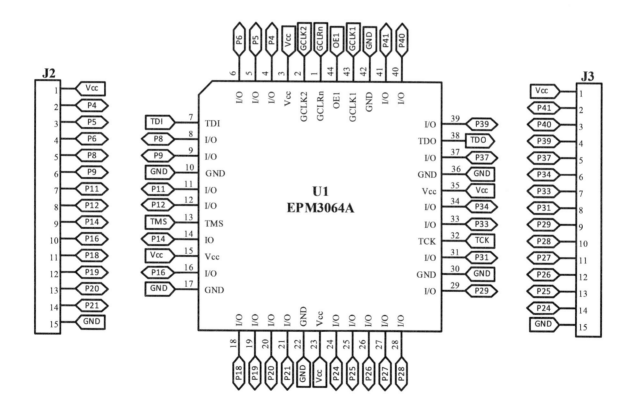

(2) 子電路板設計圖

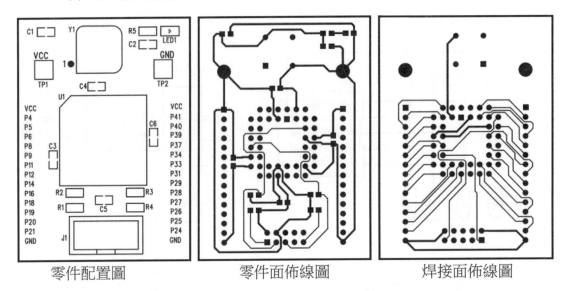

零件配置圖　　　零件面佈線圖　　　焊接面佈線圖

(3) 子電路板尺寸圖

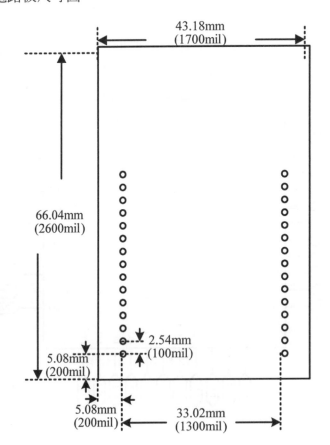

（二）　萬用電路板圖（上圖為零件面、下圖為焊接面）

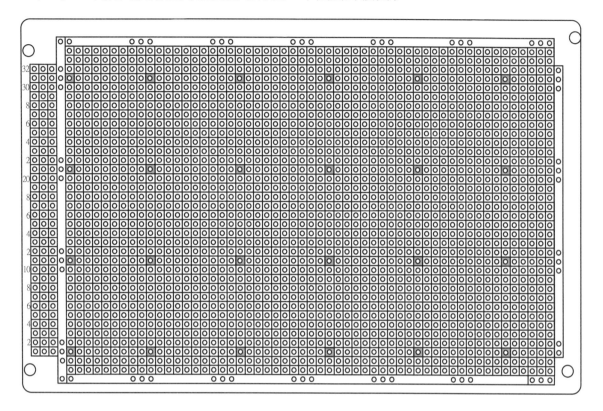

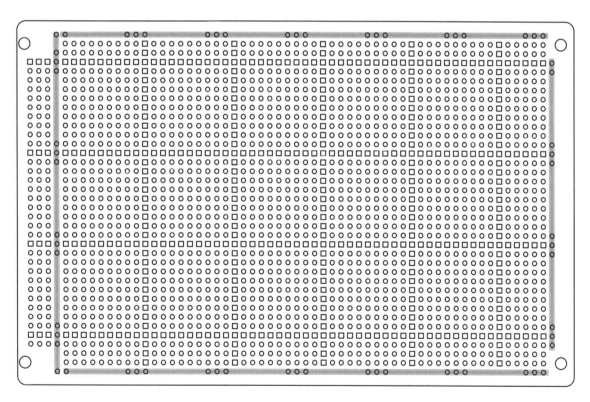

七、供給材料表 (鍵盤輸入顯示裝置)

（一）　母電路板

項次	編號	名稱	規格	單位	數量	備註
1	R1 ～ R7	碳膜電阻器	220Ω，1/4W	只	7	
2	R8 ～ R14	碳膜電阻器	2.2 kΩ，1/4W	只	7	自由選用
3	DS1	七段顯示器	共陽型	只	1	
4		鍵盤	3×4	只	1	
5		萬用電路板	單面纖維鍍錫，100×160mm 2.54mm 腳距	片	1	
6		單芯線	ϕ0.5mm PVC	公尺	2	
7		焊錫	無鉛 ϕ0.5mm	公尺	2	
8		裸銅線	鍍錫 ϕ0.5mm	公尺	2	
9		排針母座	單排 15-pin 2.54mm	只	2	
10		圓孔腳座	單排 5-pin 2.54mm	只	2	
11		排針母座	單排 7-pin 2.54mm	只	1	
12		塑膠銅柱	固定鍵盤柱，附螺母 M2, 12mm	只	2	
13		塑膠銅柱	15mm，附螺母	只	4	

備註：

1. 每場次每一試題均應至少各有備份材料 1 份。

2. 所有電阻誤差值均在 ±5% 以內。

（二） 子電路板

項次	編號	名稱	規格	單位	數量	備註
1		CPLD 子電路板	如試題參考圖表，CPLD PCB 板	片	1	
2	U1	CPLD	Altera EPM3064ALC44-10 或同級品	只	1	
3		CPLD 腳座	44-pin PLCC 型	只	1	
4	Y1	石英振盪器	OSC 方型，4MHz	只	1	
5	LED1	LED	SMD0805，綠色	只	1	
6	R1	電阻器	1 kΩ (SMD0805)	只	1	
7	R2 ～ R4	電阻器	4.7 kΩ (SMD0805)	只	3	
8	R5	電阻器	220Ω (SMD0805)	只	1	
9	C1	電容器	10 μF/25V (SMD0805)	只	1	
10	C2 ～ C6	電容器	0.1 μF (SMD0805)	只	5	
11	J1	金牛角座	10-pin 如 Altera JTAG 連接座	只	1	
12	J2 ～ J3	排針	單排 15-pin 2.54mm，高 12mm	只	2	
13		圓孔腳座	短腳 4-pin (石英振盪器母座)	只	1	
14		接針	子電路板 Vcc 及 GND 用	只	2	
15		鍍銀線	30 AWG OK 線	cm	30	限子板檢修用

備註：

1. 每場次每一試題均應至少各有備份材料 1 份。

2. 所有電阻誤差值均在 ±5% 以內。

技術士技能檢定數位電子乙級術科測試評審表

姓　　　　名		崗　位　編　號			評　審	□　及　　格
術科測試編號		測　試　日　期	年　月　日		結　果	□　不　及　格
試題編號及名稱	□ 11700-110201 四位數顯示裝置 □ 11700-110202 鍵盤輸入顯示裝置		領取測試材料簽名處			
CPLD 抽題指定接腳	□接腳組合 A　　□接腳組合 B □接腳組合 C　　□接腳組合 D □接腳組合 E		抽題指定顯示內容	□顯示組合 J　□顯示組合 K □顯示組合 L　□顯示組合 M □顯示組合 N		

不予評分項目	視為左列之一者不予評分。
一　□ 依據應檢人須知 二 之 □ 規定以不及格論處	屬於第四、五項者，請應檢人在本欄簽名：
二　□ 依據工作規則 □ 之 1 或 2 項不予評分者	
三　□ 依據試題動作要求(三)之 1 項不予評分者	
四　□ 未能於規定時間內完成者	
五　□ 提前棄權離場者	離場時間：　　時　　分

項目		評　分　標　準	每處扣分	本項總扣分	最高扣分	實扣分	扣數	備註
一	電腦製圖	1.依照「電腦製圖規則」第 3、4 項規定	10		20			
		2.依照「電腦製圖規則」第 5、6 項規定	2					
二	焊接	1.依照「焊接規則」第 2～6 項規定	2		20			
三	裝配	1.依照「裝配規則」第 3～8 項規定	2		20			
四	功能	1.不符合試題動作要求(一)	5		60			
		2.不符合試題動作要求(二)	10					
		3.依據試題動作要求(三)之 2 項	25					
五	工作安全與習慣	1.耗用子板、母板、CPLD 零件（限更換 1 次）	15		50			
		2.耗用或損毀主動零件	5					
		3.耗用或損毀被動零件	2					
		4.借用應檢人自備工具（項）	10					
		5.不符合工作安全要求	5					
		6.工作桌面未復原或儀器設備未歸位	5					
		7.離場前未清理工作崗位	10					
總　　　計		扣　　　分						
		得　　　分						
監評人員簽名			監評長簽名					

註：1.本評審表採扣分方式，以 100 分為滿分，得 60 分（含）以上者為「及格」。
　　2.應檢人若因電腦製圖、焊接、裝配、功能及工作安全與習慣等項扣分而「不及格」時，其原因應加註於備註欄。
　　3.成績核算務必確實核對（請勿於測試結束前先行簽名）。

4-2 電路繪圖

根據簡章提供第二題的電路圖，在簡章上有提供第二題的電路圖與試場崗位電腦的桌面會有提供符號庫與封面庫，試題二電路圖使用的元件有：CPLD3064 子板、電阻器、3×4 鍵盤與共陽型七段顯示器，接下來只要跟著以下步驟就可以完成試題二的電路圖繪製。

根據簡章所述，檢定會從 A ～ E 抽選一種接腳配置，如圖 4-1 所示，在此建議讀者在畫電路圖時要考慮到焊接時間安排的概念，故繪圖時以無跳線的單面板佈線為主，腳位的配置交給 CPLD 規劃腳位，這樣就可以減少許多焊接的時間。以下的教學步驟以抽到 B 腳位選項來做示範：

A

J2													J3												
P4	P5	P6	P8	P9	P11	P12	P14	P16	P18	P19	P20	P21	P24	P25	P26	P27	P28	P29	P31	P33	P34	P37	P39	P40	P41
✓	✓	✓	✓	✓									✓	✓	✓	✓	✓								

B

J2													J3												
P4	P5	P6	P8	P9	P11	P12	P14	P16	P18	P19	P20	P21	P24	P25	P26	P27	P28	P29	P31	P33	P34	P37	P39	P40	P41
								✓	✓	✓	✓	✓									✓	✓	✓	✓	✓

C

J2													J3												
P4	P5	P6	P8	P9	P11	P12	P14	P16	P18	P19	P20	P21	P24	P25	P26	P27	P28	P29	P31	P33	P34	P37	P39	P40	P41
	✓	✓	✓	✓	✓															✓	✓	✓	✓	✓	

D

J2													J3												
P4	P5	P6	P8	P9	P11	P12	P14	P16	P18	P19	P20	P21	P24	P25	P26	P27	P28	P29	P31	P33	P34	P37	P39	P40	P41
						✓	✓	✓	✓	✓								✓	✓	✓	✓	✓			

E

J2													J3												
P4	P5	P6	P8	P9	P11	P12	P14	P16	P18	P19	P20	P21	P24	P25	P26	P27	P28	P29	P31	P33	P34	P37	P39	P40	P41
			✓	✓	✓	✓	✓											✓	✓	✓	✓	✓			

圖 4-1 檢定抽選腳位題目

4-2-1 符號庫編輯繪製

步驟 1 點 KiCadicon 圖示。

步驟 2 設定語言，選擇繁體中文，如圖 4-2 所示。

> **註** 此軟體使用中文語言會常讓視窗當機，若軟體當機，請至電腦工作管理員按此軟體關閉再重開

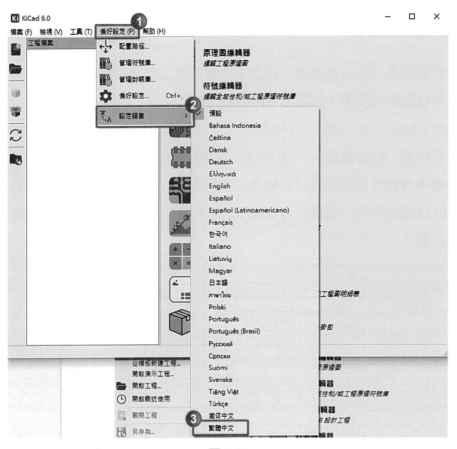

圖 4-2

步驟 3 如圖 4-3 所示，點檔案 → 新建工程。命名為 11700-110202，如圖 4-4 所示。

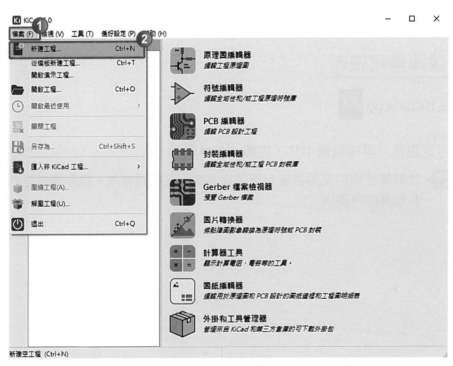

圖 4-3 新建工程

圖 4-4　命名為 11700-110202

....

● 先匯入桌面的符號庫給 SCH 原理圖使用

步驟 4　完成後看到如圖 4-5 所示，接著按「符號編輯器」。

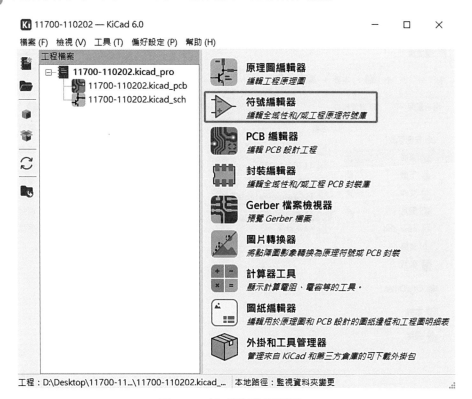

圖 4-5　按「符號編輯器」

步驟 5　匯入桌面的符號庫，點檔案 → 新增庫，如圖 4-6 所示。

步驟 6　點選工程，再按確定，如圖 4-7 所示。

圖 4-6　新增庫　　　　　　　　　圖 4-7 點選工程

步驟 7　選擇匯入符號庫檔案，再按開啟，如圖 4-8 所示。

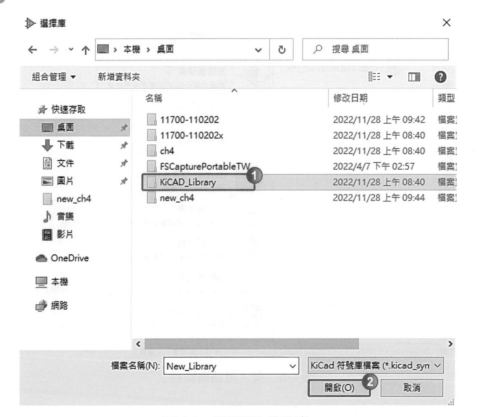

圖 4-8　選擇匯入符號庫

步驟 8 選擇 New_Library.kicad_sym，再按開啟，如圖 4-9 所示。

圖 4-9 選擇 New_Library.kicad_sym

步驟 9 之後會看到符號庫匯入進來，如圖 4-10 所示。

圖 4-10 符號庫匯入後

步驟 10 更改 CPLD_3064 電源的屬性，否則繪製原理圖後做電氣規則檢查會出現錯誤，設定如下圖所示，之後可按 💾 儲存再關閉符號編輯器。(若第三章已有更改過就不需再修改屬性)

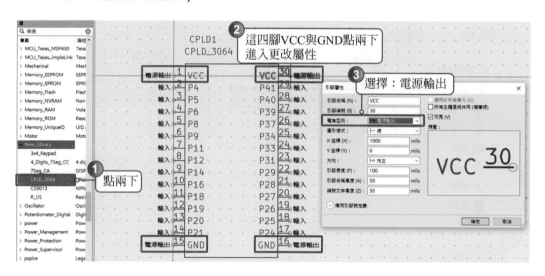

4-2-2 電路圖 SCH 繪製

步驟 1 在 11700-110202 資料夾底下點 KiCad，開啟該檔案專案，再點原理圖編輯器，如圖 4-11 所示。

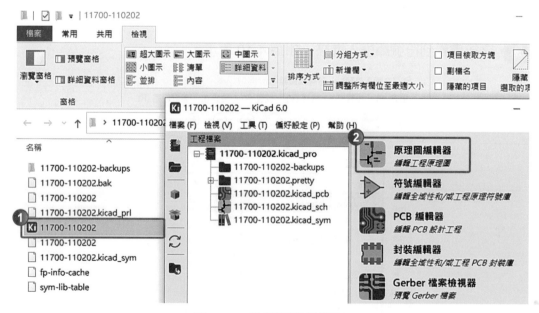

圖 4-11　點原理圖編輯器

● 編輯環境設定

步驟 2 進入頁面後先修改網格形式 (讓頁面看得比較清楚)，在上列工作列選偏好設定，再選偏好設定 → 小十字，如圖 4-12 所示。

圖 4-12　修改網格形式

步驟 3 網格點選 mil 形式，並且選擇 100mil，如圖 4-13 所示。

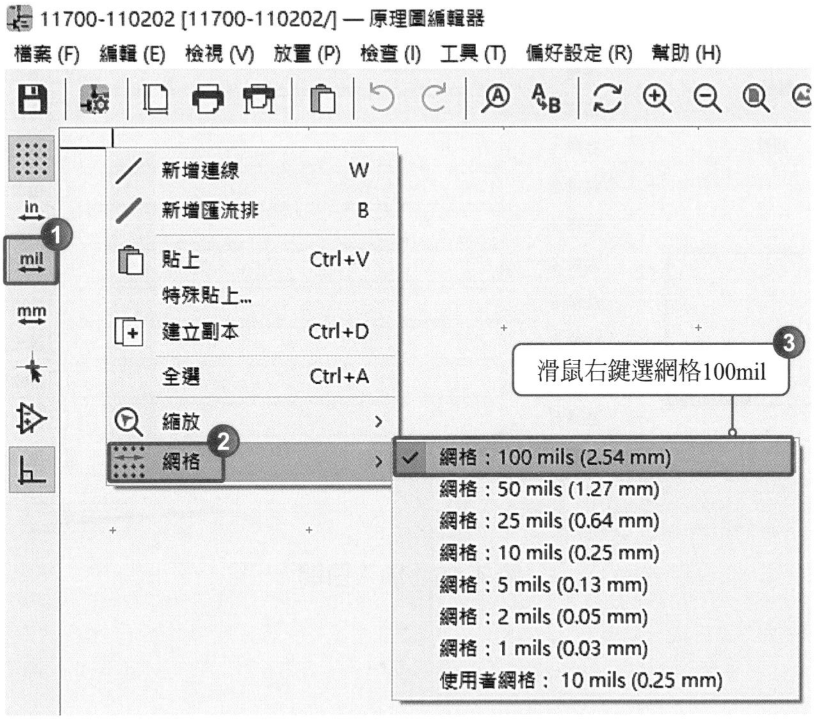

圖 4-13　網格點選 mil 形式

- 電路圖的繪製者資訊設定，包含術科測試編號、崗位號碼與檢定日期

步驟 4 按檔案，再點圖框設定，如圖 4-14 所示。

圖 4-14 圖框設定

步驟 5 在發行日期這個欄位按 <<<，將日期填入至欄位內，如圖 4-15 所示。

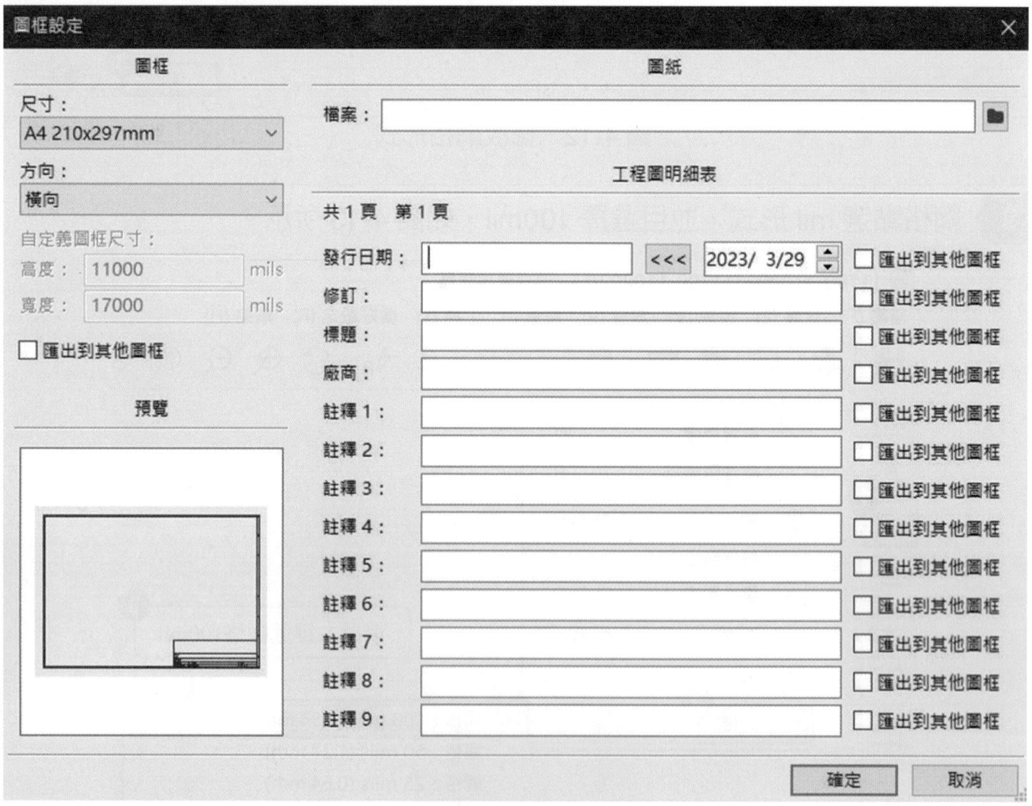

圖 4-15 填入日期

步驟 6 在標題這個欄位鍵入第一試題的術科測試編號與崗位編號 11700-110202-01，其中 01 代表崗位編號，如圖 4-16 所示。

圖 4-16　填入術科測試編號與崗位編號

步驟 7 輸入完畢後再按確定，可看到頁面右下方出現輸入的資訊，如圖 4-17 所示。

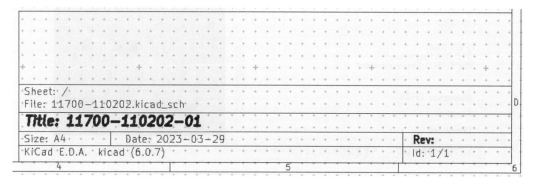

圖 4-17　頁面右下方出現輸入的資訊

• 新增電路元件符號

步驟 8 ▸ 按放置 → 新增符號或按右側工具列 ，如圖 4-18 所示。

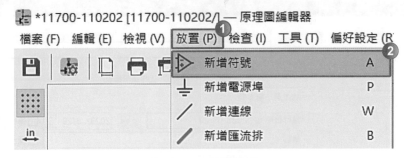

圖 4-18　新增符號

步驟 9 ▸ 選擇 New_Library 符號庫的 CPLD_3064，如圖 4-19 所示。

圖 4-19　選擇 New_Library 符號庫的 CPLD_3064

步驟 10 選擇 New_Library 符號庫的 3×4_Keypad，如圖 4-20 所示。

圖 4-20 選擇 New_Library 符號庫的 3×4_Keypad

步驟 11 共陽型七段顯示器選擇 New_Library 符號庫的 7Seg_CA，如圖 4-21 所示。

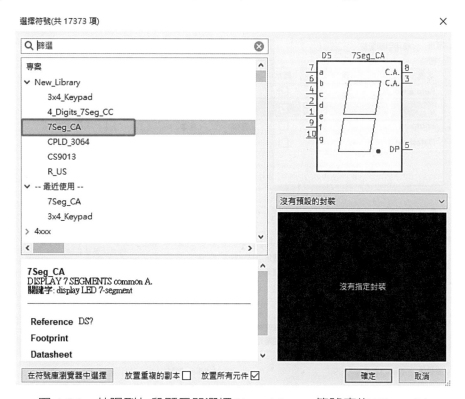

圖 4-21 共陽型七段顯示器選擇 New_Library 符號庫的 7Seg_CA

步驟 12 電阻選擇 New_Library 符號庫的 R_US，如圖 4-22 所示。

圖 4-22　電阻選擇 New_Library 符號庫的 R_US

先點選電阻元件，按鍵盤 E，更改電阻屬性 Value 為 220，如圖 4-23 所示。

圖 4-23　更改電阻屬性 Value 為 220

利用快捷鍵 Insert 或 Ctrl + C 複製及 Ctrl + V 貼上，完成複製七顆 220Ω，
如圖 4-24 所示。

圖 4-24　複製七顆 220Ω

再複製一顆電阻再按鍵盤 R 旋轉 90 度，並將屬性 Value 改為 2.2k，共複製有
七顆 2.2kΩ，如圖 4-25 所示。

註▶ 鍵盤腳位上拉電阻到 VCC 可使信號更加穩定，通用各種形式鍵盤腳位

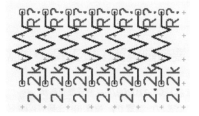

圖 4-25　複製七顆 2.2kΩ

步驟 13　再呼叫元件 VCC 與 GND，擺放所有的元件，如圖 4-26 所示。

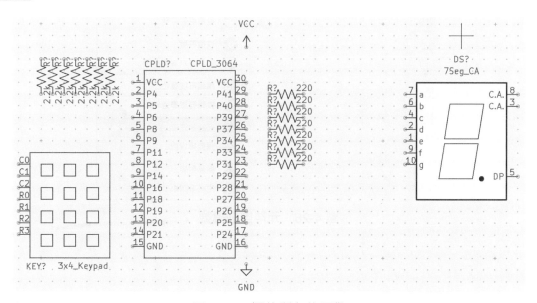

圖 4-26　擺放所有的元件

步驟 14 為使方便畫線故鍵盤 3×4_Keypad 要水平翻轉，點選 3×4_Keypad 後按鍵盤 X，如圖 4-27 所示。

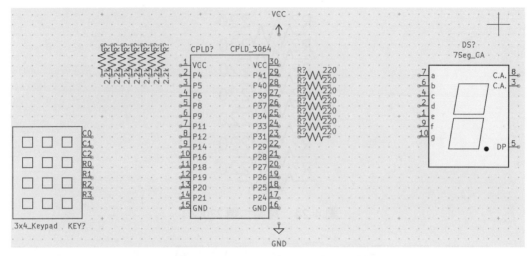

圖 4-27　鍵盤 4_Keypad 水平翻轉

- 自動編號元件符號

  接下要將所有？元件要自動編號，按工具 → 批註原理圖，如圖 4-28 示。

圖 4-28　元件自動編號

批註原理圖設定如下圖所示，之後按批註，如圖 4-29 所示。

圖 4-29　批註原理圖設定

完成編號如圖 4-30 所示

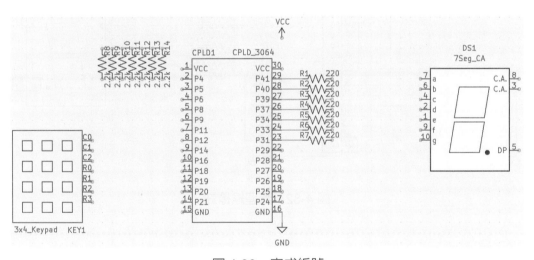

圖 4-30　完成編號

● 電路佈線

步驟 15 開始佈線前必須先考慮到焊接所需的時間與佈線的佈局，所以在七段顯示器的
a ～ f 區段使用抽到試題的 J3 腳位來佈線，鍵盤腳位則由抽到試題的 J2 腳位來
佈線，此時讀者一定要記錄腳位的接線狀態，以便在 Quartus 的腳位規劃中做
設定。按右側工具列的 ，開始畫線。

注意：接電線時必須考量到之後的焊接方便性與時間性，故線路圖如圖 4-31 所示。

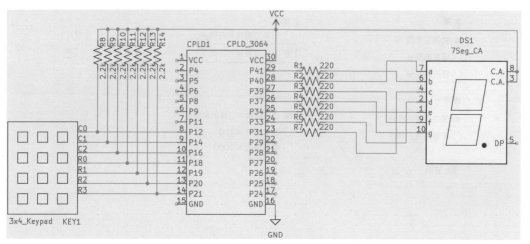

圖 4-31　線路圖

步驟 16 將沒用到的接腳做無連線標註處理，按 ✂ ，完成如圖 4-32 所示。

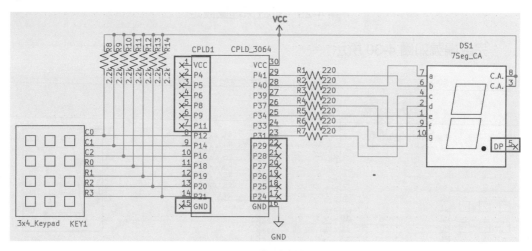

圖 4-32　無連線標註

• 電氣規格檢查

步驟 17 畫完原理圖，按檢查 → 電器規則檢查，做 ERC 測試，如圖 4-33 所示。

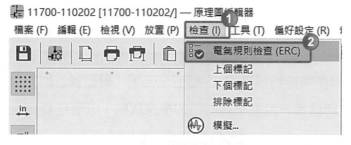

圖 4-33　電器規則檢查

按執行 ERC，沒有錯誤即完成原理圖繪製，如圖 4-34 所示。

圖 4-34　ERC 沒有錯誤

4-2-3 PCB 封裝庫 footprint 繪製

步驟 1 ▶ 在 11700-110202 資料夾底下點 KiCad，開啟該檔案專案，再點封裝編輯器，如圖 4-35 所示。

圖 4-35　封裝編輯器

- 編輯環境設定

步驟 2 進入頁面後先修改網格形式 (讓頁面看得比較清楚)，在上列工作列選偏好設定，再選偏好設定 → 小十字，如圖 4-36 所示。

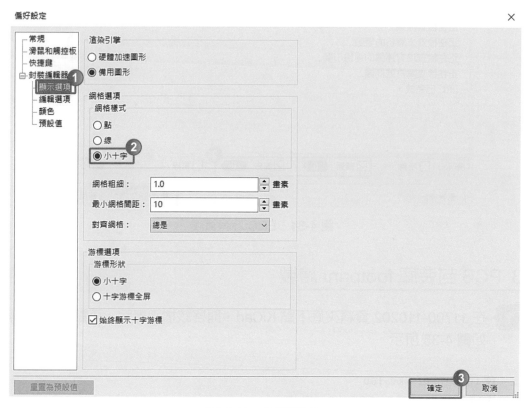

圖 4-36 網格形式

步驟 3 網格點選 mil 形式，並且選擇 100mil，如圖 4-37 所示。

圖 4-37 網格點選 mil 形式

● 匯入 Footprint 封裝元件庫設定

步驟 4 按檔案 → 新增庫，如圖 4-38 所示。

步驟 5 選工程後按確定，如圖 4-39 所示。

圖 4-38　新增庫　　　　　圖 4-39　選工程

步驟 6 選擇桌面 KiCAD_Library 資料夾內的 New_Library.pretty 資料夾，如圖 4-40 所示。

圖 4-40　選擇 New_Library.pretty 資料夾

步驟 7 可看到已匯入的封裝元件 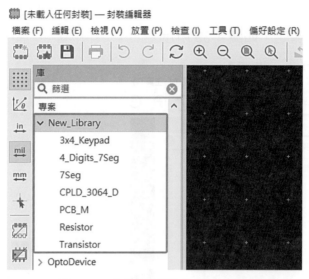 ，如圖 4-41 所示。

圖 4-41　看到已匯入的封裝元件

　　為了方便對位 PCB 佈線可以增加母板 PCB_M 定位點，修改步驟可參考第三章 3-2-3 PCB 封裝庫 Footprint 繪製單元，完成如圖 4-42 所示。

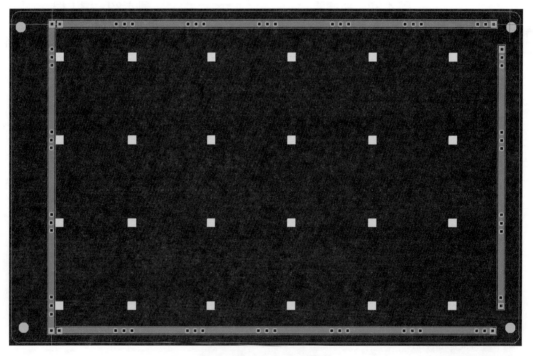

圖 4-42　PCB_M 修改

4-2-4　佈線圖 PCB 繪製

　　若打開 PCB 編輯器有時容易當機，原因是中文輸入法的關係，在系統上就要設定輸入法為 English，若您的系統是 Windows 11 步驟如下：

Step 1 > 先在 ㄅ 滑鼠左鍵壓下，再按更多鍵盤設定

Step 2 > 按新增語言

Step 3 > 鍵入 English 語言，再選擇英文 (美國) 或英文 (英國)

> Step 4 按安裝即可完成新增語言

接下再回到 KiCad 的 PCB 編輯操作：

> 步驟 1 在 11700-110202 資料夾底下點 KiCad，開啟該檔案專案，再點 PCB 編輯器，如圖 4-43 所示。

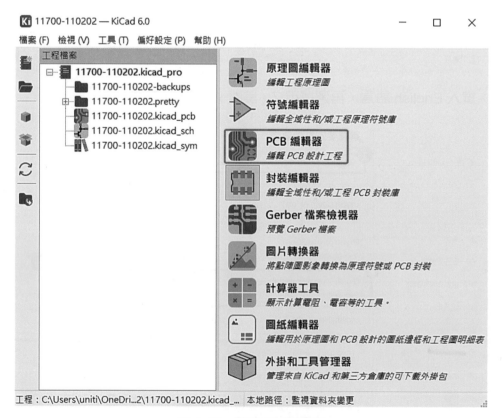

圖 4-43　點 PCB 編輯器

● 編輯環境設定

步驟2 ▶ 進入頁面後先修改網格形式 (讓頁面看得比較清楚)，在上列工作列選偏好設定，渲染引擎 → 備用圖形，選網格選項 → 小十字，如圖 4-44 所示。

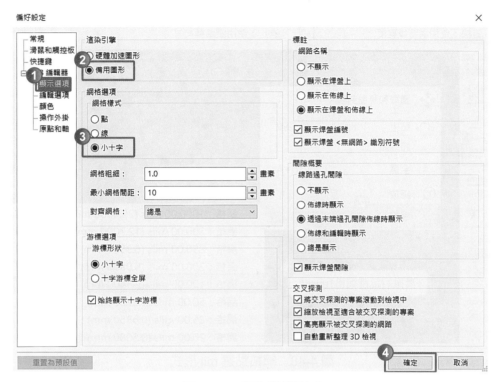

圖 4-44　修改網格形式

原點和軸要選擇網格原點，如圖 4-45 所示。

圖 4-45　選擇網格原點

步驟 3 網格點選 mil 形式，並且選擇 100mil，如圖 4-46 所示。

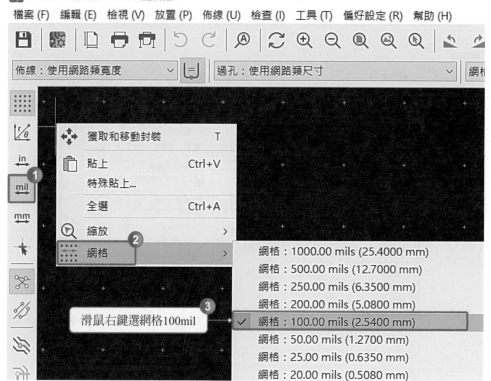

圖 4-46　網格點選 mil 形式

• 電路圖的繪製者資訊設定，包含術科測試編號、崗位號碼與檢定日期

步驟 4 按檔案，再點圖框設定，如圖 4-47 所示。

圖 4-47　圖框設定

步驟 5 在發行日期這個欄位按 <<<，將日期填入至欄位內，如圖 4-48 所示。

圖 4-48　填入日期

步驟 6 在標題這個欄位鍵入第一試題的術科測試編號與崗位編號 11700-110202-01，其中 01 代表崗位編號，如圖 4-49 所示。

圖 4-49　圖框設定的註釋

步驟 7 輸入完畢後再按確定，可看到頁面右下方出現輸入的資訊，如圖 4-50 所示。

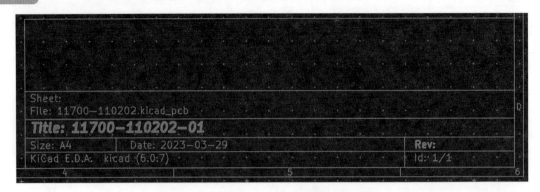

圖 4-50 頁面右下方出現輸入的資訊

● 開始繪製 PCB 檢定電路板板框

步驟 8 按鍵盤 Ⓐ，呼叫封裝庫的 PCB_M，如圖 4-51 所示。

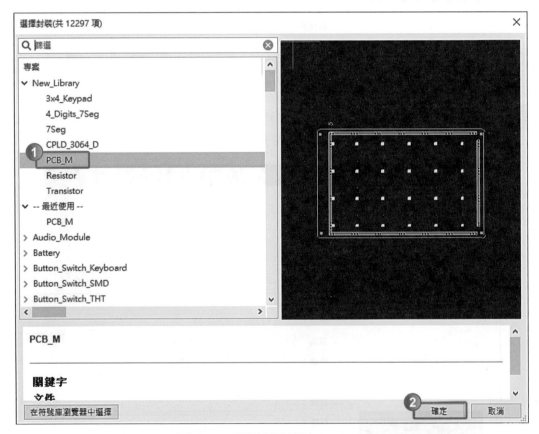

圖 4-51 呼叫封裝庫的 PCB_M

步驟 9 ▶ PCB 頁面上十字間隔為 10 點，為配合檢定版實體佈線，故將 PCB_M 放置於 PCB 版面中央，如圖 4-52 所示。

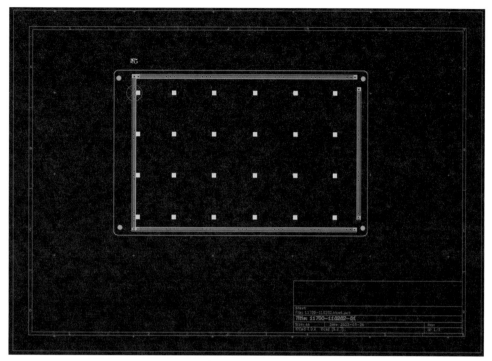

圖 4-52　放置 PCB_M 於版面中央

• 檢查與設定原理圖的各元件封裝

步驟 10 ▶ 回到原理圖編輯器，輸入各元件的封裝名稱 (Footprint)，如圖 4-53 所示。

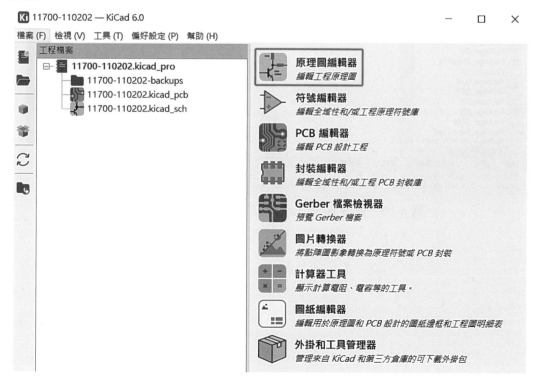

圖 4-53　回到原理圖編輯器

(1) 進入原理圖編輯器後，在上方工具列中按 ▦，再點 CPLD1 的 Footprint，看到的頁面如圖 4-54 所示。

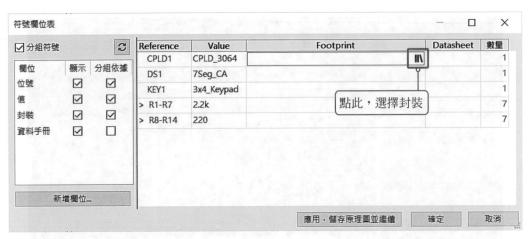

圖 4-54　CPLD1 的 Footprint

選擇 New_Library 的封裝 CPLD_3064_D，如圖 4-55 所示。

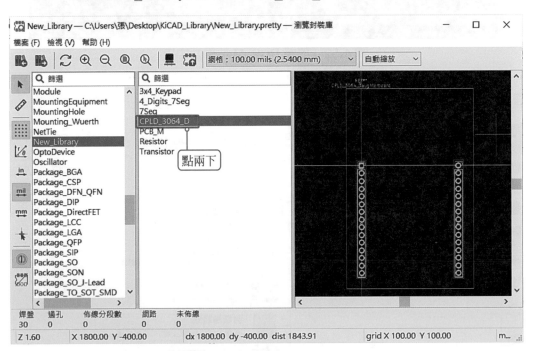

圖 4-55　選擇 New_Library 的封裝 CPLD_3064_D

(2) 點 R1-R7 與 R8-R14 的 Footprint，如圖 4-56 所示。

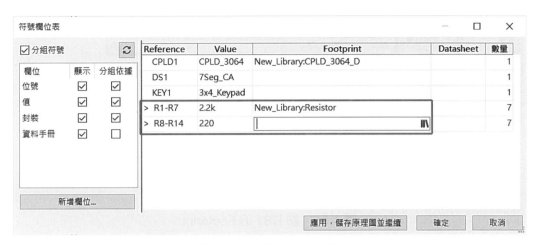

圖 4-56　點 R1-R7 與 R8-R14 的 Footprint

選擇 Resistor 封裝，如圖 4-57 所示。

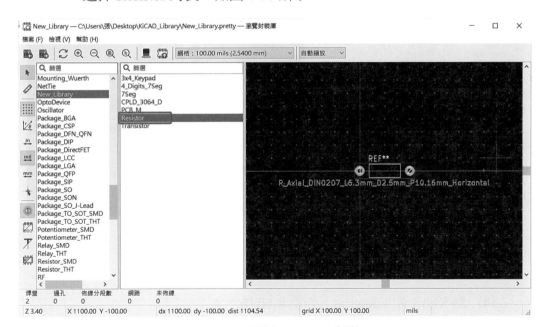

圖 4-57　選擇 Resistor 封裝

(3) 點 DS1 的 Footprint，如圖 4-58 所示。

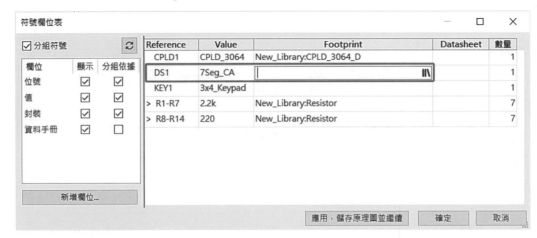

圖 4-58　點 DS1 的 Footprint

選擇 7Seg 封裝，如圖 4-59 所示。

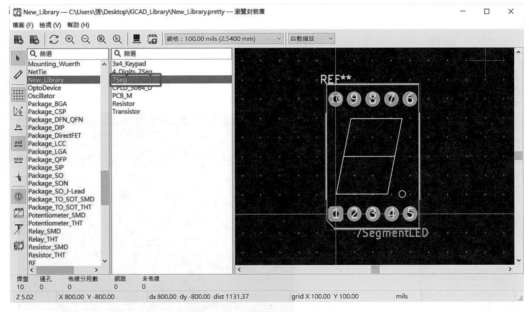

圖 4-59　選擇 7Seg 封裝

(4) 點 KEY1 的 Footprint，如圖 4-60 所示。

圖 4-60　點 KEY1 的 Footprint

選擇 3×4_Keypad 封裝，如圖 4-61 所示。

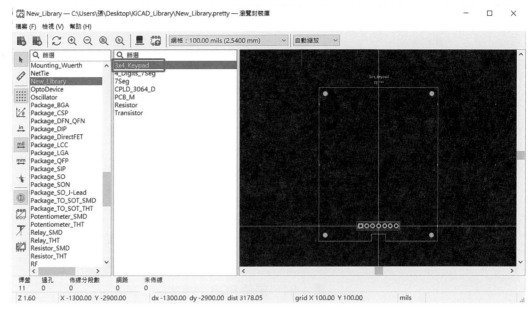

圖 4-61　選擇 3×4_Keypad 封裝

完成 Footprint 表格後按確定，如圖 4-62 所示，之後記得存檔。

圖 4-62　完成 Footprint 表格

• 將 SCH 原理圖匯入 PCB 佈線圖

步驟 11 回到 PCB 編輯器，按 匯入 PCB 圖，如圖 4-63 所示。

圖 4-63　回到 PCB 編輯器

步驟 12 ▶ 按更新 PCB，如圖 4-64 所示。

圖 4-64　更新 PCB

再按關閉可以看到所有 PCB 的元件，再選擇空曠處放置這些元件，如圖 4-65
所示。

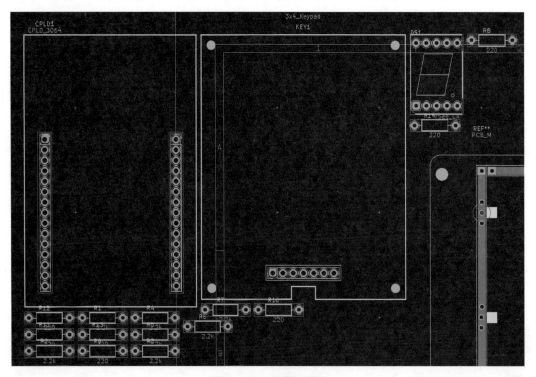

圖 4-65　放置元件

步驟 13 ▶ 開始拖曳 PCB 元件放於適當位置，如圖 4-66 所示。

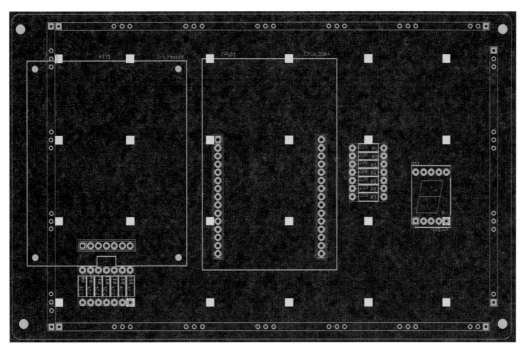

圖 4-66　元件放於適當位置

● 佈線前要設定佈線規格，以統一佈線規矩

步驟 14 設定佈線規則

(1) 設定佈線 → 編輯預定義尺寸，如圖 4-67 所示。

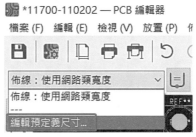

圖 4-67　編輯預定義尺寸

(2) 依序填入資料如圖 4-68 所示。

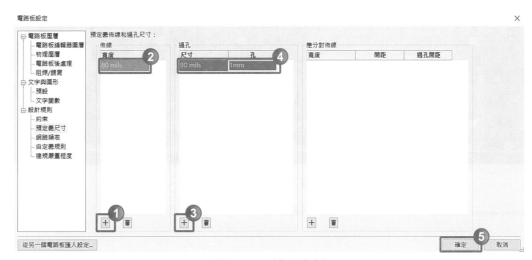

圖 4-68　填入資料

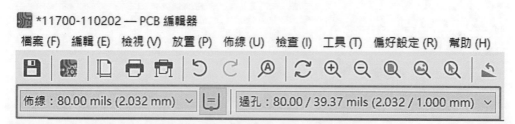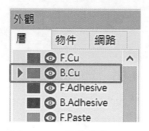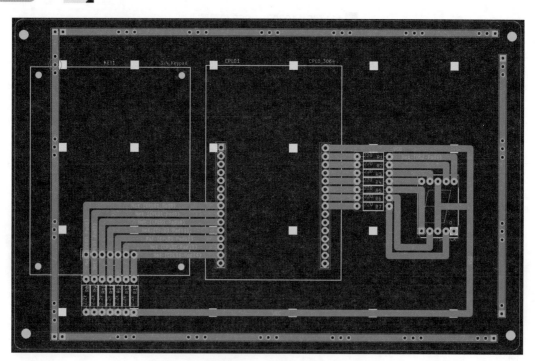

(3) 選擇自設的佈線與過孔設定,如圖 4-69 所示。

圖 4-69　選擇自設的佈線與過孔設定

• 開始佈線,佈線面選 B.Cu 圖層,元件面選 F.Cu

　　(4) 右側工具列圖層選 B.Cu,如圖 4-70 所示。

圖 4-70　圖層選 B.Cu

步驟 15 ▶ 按 ⟋ 開始佈線,完成如圖 4-71 所示。

圖 4-71　完成佈線

● 列印電路圖設定

步驟 16 按 🖨，列印設定

　　(1) 如圖 4-72 所示，做元件面設定，完成後可預覽元件面，如圖 4-73 所示。

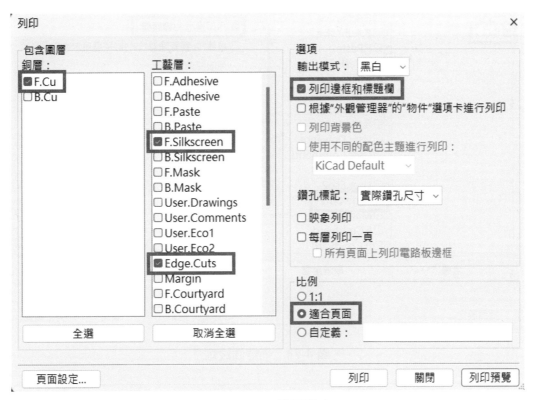

圖 4-72　元件面設定

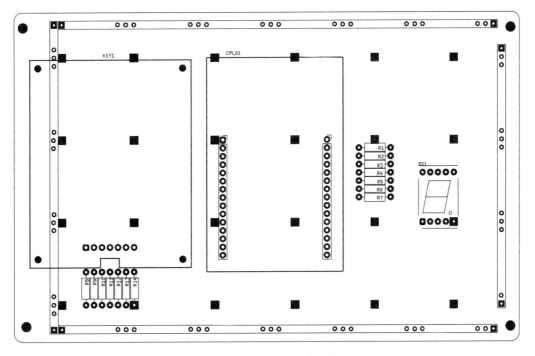

圖 4-73　預覽元件面

(2) 如圖 4-74 所示，做佈線面設定，完成後可預覽佈線面，如圖 4-75 所示。

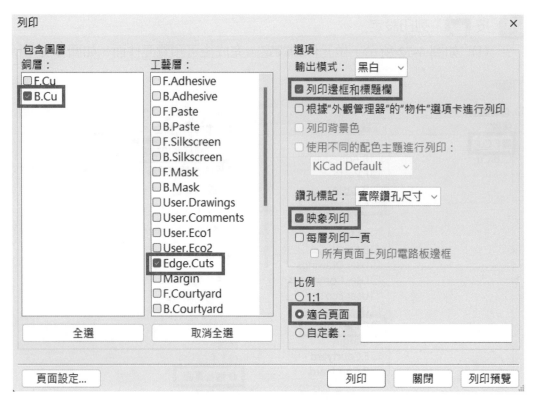

圖 4-74　佈線面設定

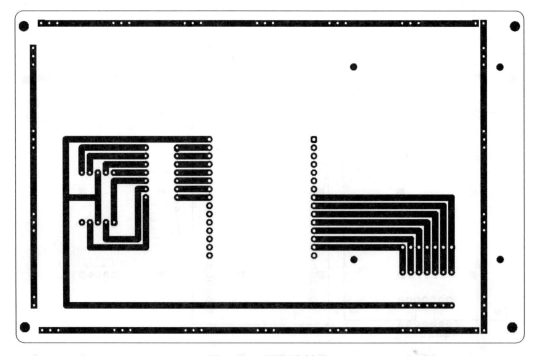

圖 4-75　預覽佈線面

完成繪圖後檢定者可以先焊接子板，再按照圖 4-73 與圖 4-75 元件位置開始焊接電路，如圖 4-76 所示為抽到 B 型式腳位的元件面完成圖，圖 4-77 所示為抽到 B 型式腳位的佈線面完成圖。

圖 4-76 B 型式腳位的元件面

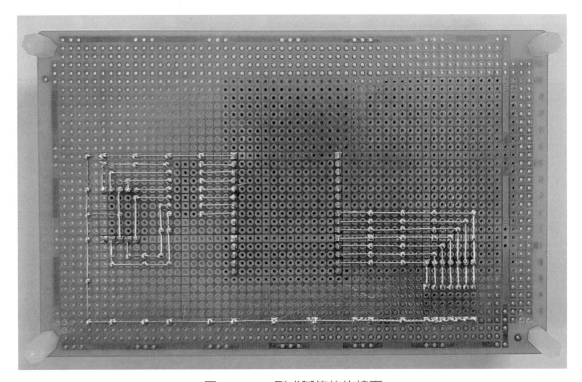

圖 4-77 B 型式腳位的佈線面

完成抽題 B 型式腳位規劃後，讀者依序可多練習操作步驟，練習過程可以再練試題 A、C、D、E 指定接腳的腳位規劃，以下為這四種指定接腳的繪圖範例。

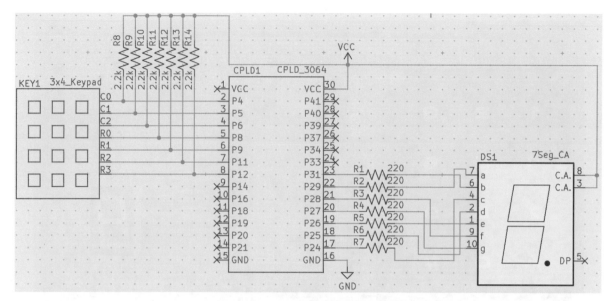

圖 4-78　A 指定接腳的原理圖

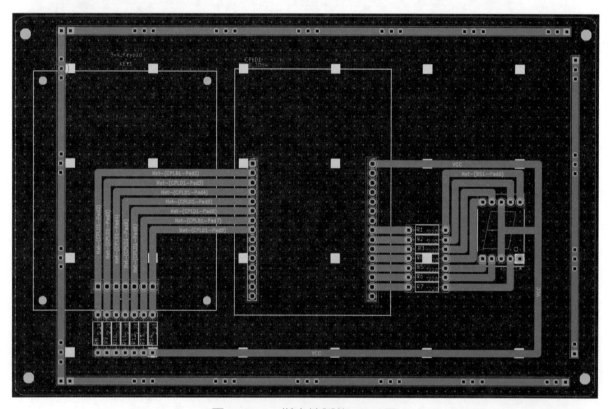

圖 4-79　A 指定接腳的 PCB 圖

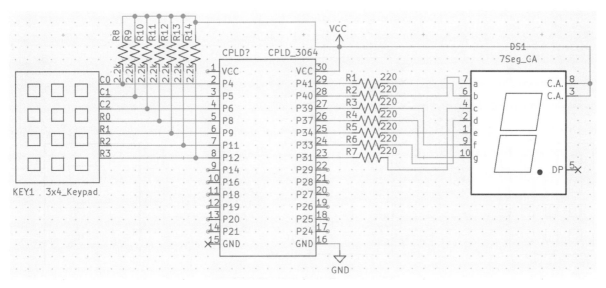

圖 4-80   C 指定接腳的原理圖

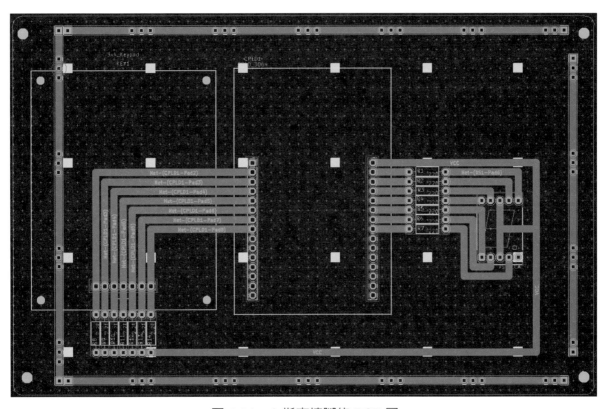

圖 4-81   C 指定接腳的 PCB 圖

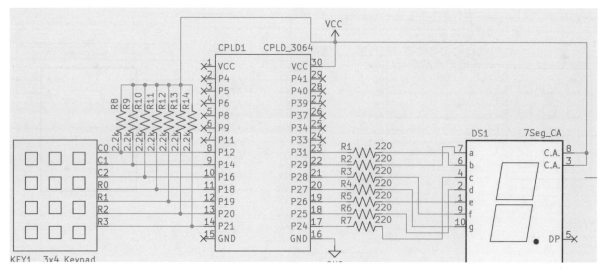

圖 4-82　D 指定接腳的原理圖

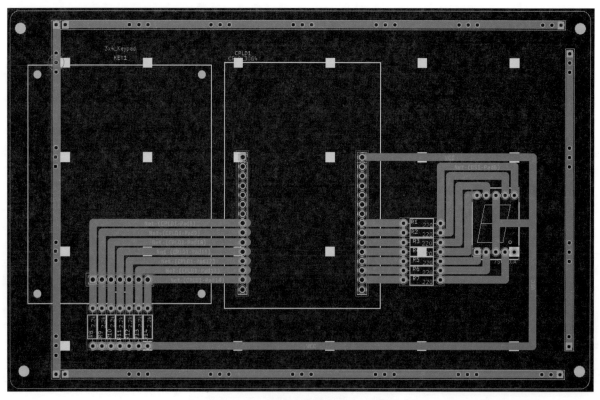

圖 4-83　D 指定接腳的 PCB 圖

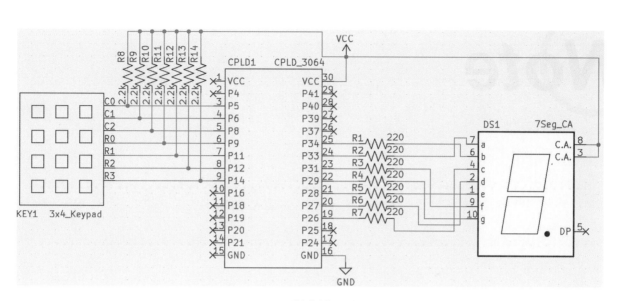

圖 4-84　E 指定接腳的原理圖

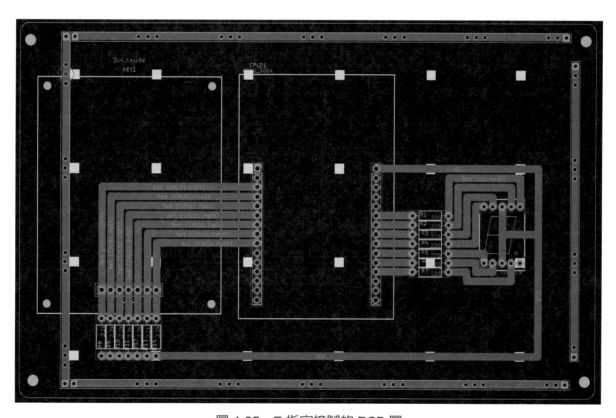

圖 4-85　E 指定接腳的 PCB 圖

CHAPTER

5 硬體描述語言 Verilog 介紹

5-1 硬體描述語言 Verilog 語法

　　Verilog 是由 Gateway 設計自動化公司的工程師於西元 1983 年末創立。西元 1992 年，Verilog 納入電力電子工程師學會 (IEEE)1364-1995 標準，即 Verilog-95。之後 Verilog 設計人員進行修正和擴展，再次提交給電力電子工程師學會為 IEEE 1364-2001 標準，即 Verilog-2001。西元 2005 年，Verilog 再次進行了更新，即 IEEE 1364-2005 標準。此版本還包括了一個相對獨立的新部分，即 Verilog-AMS。這個擴展使得傳統的 verilog 可以對集成的類比和混合訊號系統進行建立模型。西元 2009 年，IEEE 1364-2005 和 IEEE 1800-2005 兩個部分合併為 IEEE 1800-2009，為一個新的、統一的 SystemVerilog 硬體描述驗證語言 (hardware description and verification language，HDVL)。

　　學習程式語言首先要先瞭解語法如何表示，讀者若對此有興趣可察看全華作者黃英叡、黃稚存編著的《Verilog 硬體描述語言》一書，在此僅常用的語法介紹。

　　撰寫 Verilog 時，可在開頭中加入註解說明，能夠讓人迅速瞭解其設計內容。以下為子系統電路的範例註解：

```
//------------------------------------------------------------
//Title：up counter0～9
//File：up_counter0-9.v
//Author：Y.T. Chang
//Date：2022/10/10
//------------------------------------------------------------
```

　　另外，撰寫硬體描述語言時，最好得遵守以下注意事項：

1. 指令可保持一行一行撰寫，並且能夠對齊某子巢位置以方便閱讀。
2. 每行指令不宜過長，最好保持 70～80 字元。
3. 各腳位功能盡量能加上註解說明。
4. 使用參數時，以大寫表示常數，小寫表示信號變數。
5. 運算式中所宣告用的變數或腳位要注意其長度 (位元數)。
6. 使用指令時，必須瞭解是否可以合成成功。
7. 自創元件庫或 IP 模組時，命名要避免與內建函數名稱相同。
8. 盡量避免非同步邏輯設計。
9. 循序電路中，避免混合使用正緣與負緣觸發暫存器。
10. 同一變數中，不要作重複指定。
11. 盡量使用以自行設計完成的 IP 模組，重複使用並採用模組化方式設計電路。

　　在撰寫 Verilog 或 VHDL 之前，必須先瞭解程式的基本架構，包含有整體結構、語法、關鍵字、識別字與敘述等。Verilog 在命名電路模組名稱前得加上 module，並且在電路名稱

後方加上括號，括號內寫出有用到的輸入出埠變數名稱，之後再定義輸入出埠的變數名稱
與定義長度，在定義長度得先規劃好適當的位元數，以避免造成不必要的合成浪費與信號
溝通處理錯誤，定義輸入出埠後再規劃採用邏輯層次、資料流層次以及行為描述層次來設
計電路，以下為 Verilog 的基本架構：

```
// 模組的宣告
module 模組名稱（輸入線名稱，輸出線名稱）；
// 對輸入輸出埠命名宣告
input 輸入訊號 1，輸入訊號 2，……；
output 輸出訊號 1，輸出訊號 2，……；
// 資料類型的宣告
wire 連接線 1，連接線 2，……；
reg 暫存器 1，暫存器 2，……；
// 內部電路的描述
    電路敘述 1；
    電路敘述 2；
            ⋮
endmodule
```

我們舉例一個二輸入的反及閘 (NAND Gate)，採用及閘與反閘完成的 Verilog 程式內容
來說明此基本架構。

```
module nand_2 (in1 , in2 , out1) ;
input in1 , in2 ;                // 兩個一位元輸入端 in1 與 in2
output out1 ;                    // 一位元輸出端 out1
wire out_and ;                   // 定義 out_and 為內部接線
and (out_and , in1 , in2) ;      // 電路描述採用 and 邏輯閘層次描述
not(out1, out_and) ;             // 電路描述採用 not 邏輯閘層次描述
endmodule
```

5-1-1　運算子 (Operators)

運算元常用的有三種形式：一元、二元和三元。一元運算子得放在運算元之前，二元
運算子則放在二個運算元之間，三元運算子有兩個運算子分隔三個運算元。

如：

```
a = ~b ;          //~ 是一元運算子，b 是運算元，a 為 b 的反相
a = b && c ;      //&& 是二元運算子，b 和 c 是運算元，a 為 b 與 c 做邏輯 And
a = b ? c: d ;    //? 與 : 是三元運算子，b、c 和 d 是運算元，當 b=1 時 a=c，
                  當 b=0 時 a=d
```

常用的運算子有：

運算子種類	符號
位元邏輯運算子	~、&、|、^、~^、^~
邏輯運算子	!、&&、||
算術運算子	+、-、*、/
移位運算子	>>、<<
關係運算子	>、<、>=、<=、==、!=、===、!==
判斷運算子	?:
連結運算符號	{}、{{}}

5-1-2　數字規格 (Number specification)

Verilog 設計數位電路時，可規定資料長度 (sized)，規定電路所需要的資料長度，可使合成出來的電路面積更精簡不浪費。

規定長度之數字以 <size>'<base format><number> 來表示。其中 <size> 是以十進位來表示數字的位數 (bits)，<base format> 是用以定義此數的進制，例如十進位 ('d 或 'D)、十六進位 ('h 或 'H)、二進位 ('b 或 'B) 或八進位 ('o 或 'O) 等。如：

```
4'b1010              // 這是 4-bit 二進位數 1010
12'ha9c              // 這是 12-bit 十六進位數 a9c
16'd248              // 這是 16-bit 十進位數 248
```

如果在 <number> 內輸入 X 則代表不確定的值，此方式是不必理會 (don't care) 的位元數；若輸入 Z 則代表高阻抗即開路狀態，此方式常使用在具有輸入輸出的變數，當輸出使用狀態時為高阻抗狀態。

```
12'hf3x              //12-bit 的十六進位數；最小四位元為不確定之值
10'bz                //10-bit 二進位數皆為高阻抗
```

在 <number> 內加入底線 "_" 的功用是增加程式可讀性，並無特殊功用，僅方便閱讀而已。特別注意的地方是：第一個字元不能使用底線。此外，問號 "?" 與 "z" 是同義的，其目的為增加可讀性，瞭解該位元屬於高阻抗。

```
8'b1110_0111         // 同 8'b11100111
4'b10??              // 同 4'b10zz，主要丟出最大前兩位元的數值
```

5-1-3 關鍵字 (Keywords) 與識別字 (Identifers)

關鍵字是一組有特別意義的定義名稱，設計者不可以將此名稱當作成變數或識別字來使用，如 module、input、output 等，與 C 語言相同，Verilog 的關鍵字都必須用小寫英文字母表示，其關鍵字表如下所示：

and	always	assign	begin	buf	bufif0
bufif1	case	casex	casez	cmos	deassign
default	defparam	disable	edge	else	end
endcase	endfunction	endprimitive	endmodule	endspecify	endtable
endtask	event	for	force	forever	fork
function	highz0	highz1	if	ifnone	initial
inout	input	integer	join	large	macromodule
medium	module	nand	negedge	nmos	nor
not	notif0	notif1	output	or	parameter
pmos	posedge	primitive	pulldown	pullup	pull0
pull1	rcmos	real	realtime	reg	release
repeat	rnmos	rpmos	rtran	rtranif0	rtranif1
scalared	small	specify	specparam	strong0	strong1
supply0	supply1	table	Task	time	tran
tranif0	tranif1	Tri	triand	trior	trireg
tri0	tri1	vectored	wait	wand	weak0
weak1	while	wire	wor	xnor	xor

設計者在編寫程式常會使用到變數，此變數名稱也稱為識別字，其命名必須符合以下五點：

1. 可由英文字母、數字、「底線字母 "_"」與「錢字字母 "$"」組成。
2. 第一個字母必須為英文，不可以是數字。
3. 不能連續使用兩個底線符號。如 "__"
4. 不能使用 Verilog 的關鍵字。
5. 使用英文識別字有大小寫之分，通常習慣若是當成常數的話，會把識別字大寫標示。

    如：

```
reg count_value;        //reg 是關鍵字 , count_value 是識別字
wire m$1;               //wire 是關鍵字 , m$1 是識別字
wire count_ _1;         // 錯誤的識別字表示
input clk ;             //input 是關鍵字 , clk 是識別字
parameter KD = - 4'd2   //parameter 是關鍵字代表指定常數 , KD 是識別字
```

5-1-4 埠 (Ports)

埠的目的主要是設定自己設計的模組與外界溝通的介面，簡單來說就像一個晶片的輸入、輸出腳。外界可以經由埠與模組溝通訊號，但是模組內部的電路結構是外部無法得知的。

埠的宣告

使用埠時，必須針對所需要的功能去設定輸入或輸出來用，當然也可以定義爲雙向埠，也就是可以當輸入也可以當輸出使用，在模組中宣告關鍵字如下：

verilog 關鍵字	埠的類別
input	輸入埠
output	輸出埠
inout	雙向埠

輸入埠：合成電路後，內部永遠是一個接點 (net)，由外部傳送到輸入埠的訊號可以是暫存器 (reg) 或是一個接點 (net)。

輸出埠：在模組內部訊號可以是暫存器或接點方式，但是由模組接到外部訊號必須是一個接點，不可以是暫存器方式。

雙向埠：在模組內部或外部必須是接點的方式，一般使用時會設定一腳位決定是輸入動作或輸出動作

此範例動作由 a 決定 inout 動作方式，當 a=1 時，將 in1 輸入腳訊號送至 inout1 腳位爲輸入動作；當 a=0 時，每經過一次 ck 正緣，out1 暫存器每次則反相一次，且將 out1 訊號輸出至 inout1 腳位爲輸出動作。

inout_test.v 程式碼

```
1    module inout_test(ck,inout1,in1,a);
2    input ck,in1,a;
3    inout inout1;
4    wire a,in1;
5    wire inout1;
6    reg out1=1'b0;
7    assign inout1=a?(in1):(out1);   // a=1 時，輸入動作，a=0 時，輸出動作
8    always @ (posedge ck)
9    begin
10     if(a==1'b0)                   // 當 a=0 時，out1 每經過一次 ck 轉態一次
11     begin out1=~out1; end
12   end
13   endmodule
```

模擬結果

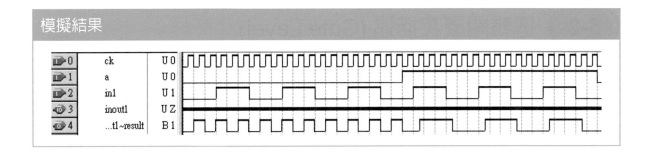

5-1-5 資料型態 (Data types)

Verilog 硬體描述語言中的資料型態，主要用來說明儲存在數位硬體中或傳送於數位元件間的資料型態。在此我們僅介紹常用的資料型態：

一、接線 (Nets)

接線的最主要關鍵字是 wire，接線可以是一位元或多位元特別指定為向量接線。接線的預設值為 z (trireg 接線，預設為 x)。而接線必須經過驅動才會產生出訊號，故沒有記憶的能力，通常只能搭配 assign 敘述使用。

如：

```
wire a ;                  // 宣告一個接線 a
wire b = 1'b0 ;           // 宣告接線 b, 預設值為 0
wire c,d ;                // 宣告接線 c,d
wire [3:0] e ;            // 宣告 e 為四位元的接線
```

二、暫存器 (Registers)

暫存器的功用與 C 語言中的變數非常類似，暫存器可以直接給一個數值，不用像接線一樣需要驅動才能改變數值，暫存器通常必須搭配行為層次的 always 敘述使用。使用時注意別跟硬體的暫存器混淆，並且一個 always 敘述僅能輸出一種暫存器，不可有兩個 always 敘述去控制同一個暫存器 (變數)。關鍵字為 reg，內定值為 X。

```
reg a ;                   // 宣告設定 a 為暫存器
reg b = 1'b0 ;            // 宣告設定 b 為暫存器，預設值為 1'b0
```

三、向量 (Vectors)

接點與暫存器皆可以定義為向量，定義向量的意思就是宣告訊號的位元數。若無定義位元長度，則以一個位元表示。

```
reg [3:0] a ;        // 宣告設定 a 為四位元的暫存器
reg [0:3] b ;        // 宣告設定 b 為四位元的暫存器，盡量避免由小至大的寫法
```

5-2 邏輯閘層次描述 (Gate Level)

現在的數位邏輯 IC 以硬體描述語言設計大多採用邏輯閘層次、資料處理層次與行為或方程式層次的方式設計。邏輯閘層是利用基本邏輯閘來描述電路，所以想使用邏輯閘層次設計電路，首先必須先瞭解數位邏輯中的組合邏輯電路設計與觀念。

5-2-1 and、or、nand、nor、xor 及 xnor 閘

Verilog 語法的邏輯閘層次設計，閘的括號內第一項為輸出，其他項為輸入，且閘名稱可寫也可不寫。如：

$$\underset{\text{使用and閘}}{\underline{\text{and}}} \quad \underset{\text{閘名稱}}{\underline{\text{and1}}} \, (\underset{\text{輸出}}{\underline{\text{out1}}}, \underset{\text{輸入}}{\underline{\text{in1}, \text{in2}}});$$

Verilog 可提供的 and/or 閘如下表所示，所代表的邏輯閘符號如圖 5-1。and 代表及閘，輸入都為 1 輸出才為 1；nand 代表反及閘，輸入都為 1 輸出才為 0；or 代表或閘，輸入只要有一個為 1 輸出就為 1；nor 代表反或閘，輸入只要有一個為 1 輸出就為 0；xor 代表互斥或閘，輸入端兩條彼此不同訊號輸出就為 1；xnor 代表反互斥或閘，輸入端兩條彼此不同訊號輸出就為 0。

and	or	xor
nand	nor	xnor

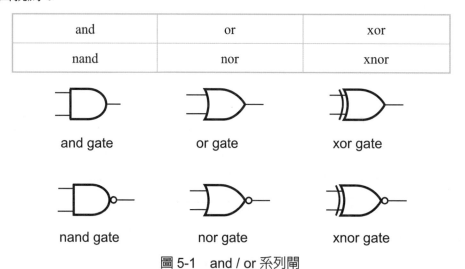

| and gate | or gate | xor gate |
| nand gate | nor gate | xnor gate |

圖 5-1　and / or 系列閘

使用的範例如下：

```
and (out1, i1, i2) ;    // 二輸入及閘，輸出端 out1，輸入端 i1 及 i2
nor x1(out2, i3, i4); // 二輸入反或閘，輸出端 out2，輸入端 i3 及 i4，x1 為閘名稱
nand (out3, i5, i6, i7) ;     // 三輸入反及閘，輸出端 out3，輸入端 i5、i6 及 i7
```

5-2-2　buf 及 not 閘

buf / not 閘只能允許一個輸入，但是可以允許多個輸出的邏輯閘。緩衝閘 buf 輸入與輸出信號的邏輯準位相同，在實作上通常使用 buf 來作信號準位的轉換或推動大負載。反閘 not 則輸入與輸出準位相反。此外，我們也可以延伸為三態閘，bufif1 代表控制線為 1 時，緩衝器正常使用；bufif0 代表控制線為 0 時，緩衝器正常使用。語法的第一項為輸出，最末項為輸入，且閘名稱也可以不寫。如：

$$\underset{\text{使用not閘}}{\underline{\text{not}}} \quad \underset{\text{閘名稱}}{\underline{\text{not1}}} \, (\underset{\text{輸出}}{\underline{\text{out1}}}, \underset{\text{輸入}}{\underline{\text{in1}}});$$

Verilog 可提供的 buf / not 閘如下表所示，所代表的邏輯閘符號如圖 5-2，buf 代表緩衝閘，輸入等於輸出；not 代表反閘，輸出為輸入的反相；如果在 buf 與 not 後面加上 if1，則代表三態閘，若控制腳 c 輸入為 1 閘正常動作，若控制腳 c 輸入為 0 閘為高阻抗；如果在 buf 與 not 後面加上 if0，則代表三態閘，若控制腳 c 輸入為 0 閘正常動作，若控制腳 c 輸入為 1 閘為高阻抗。

buf	bufif1	bufif0
not	notif1	Notif0

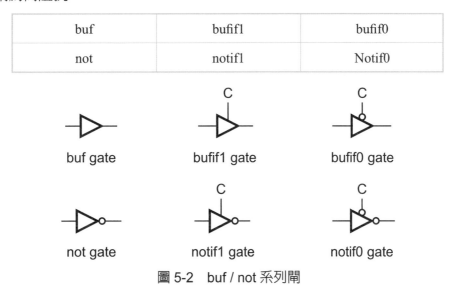

| buf gate | bufif1 gate | bufif0 gate |
| not gate | notif1 gate | notif0 gate |

圖 5-2　buf / not 系列閘

使用的範例如下：

```
buf (out1,i1) ;           // 一輸出緩衝閘，輸出端 out1，輸入端 i1
not x1(out2,out3,i2) ;    // 二輸出反閘，輸出端 out2 及 out3，輸入端 i2，x1 為名稱
bufif1 (out4,i3,c) ;      // 一輸出三態高緩衝閘，輸出端 out4，輸入端 i3，控制線 c
bufif0 (out5,i4,c) ;      // 一輸出三態低緩衝閘，輸出端 out5，輸入端 i4，控制線 c
```

5-3 資料處理層次 (Dataflow Modeling)

通常一個大型電路包含有大量的邏輯閘，若採用邏輯閘層次描述的方式，會很不方便與不實際。因此，我們可以在 Verilog 中採用資料流處理層次的方法，使得更有效率。資料流處理層次主要以資料流動的方式來描述電路，可以在一行的敘述就完成數個邏輯閘的布林函數，在資料流處理層次中，最主要的敘述是採用連續指定 (assign)，再搭配各種運算子達成想要的組合邏輯運算式。

5-3-1 連續指定 (Continuous assignment)

連續指定 (Continuous assignment) 是資料流處理層次描述，是一種最基本也是最常用的描述方式。assign 是將一連串的邏輯閘線路，採持續指定的方式來描述線路，對於邏輯閘描述的方式而言，持續指定的方式不僅較簡潔，而且更有效率。

連續指定適用於輸入出埠、wire、wand、wor 及 tri 等運算，但不適用於暫存器 reg 信號。Verilog 連續指定是用一個關鍵字 assign 來描述，其中 assign 僅能敘述組合電路，不能有記憶性的電路。

如：assign a=a+b; // 此敘述不合法，合成會失敗。

如下為 assign 的使用格式：

$$\text{assign } \underset{\text{輸出}}{\underline{\text{out1}}} = \underset{\text{輸入}}{\underline{\text{i1 \& i2}}} \; ; \quad \overset{\text{and gate}}{}$$

5-3-2 運算子 (Operators)

所謂運算子就是針對電路中運算元做某操作的動作運算，在 Verilog 中提供了各種不同的運算子，如下表所示：

運算子種類	符號	運算功能	所需的運算元數目
算術運算符號	*	乘	2
	/	除	2
	+	加	2
	-	減	2
邏輯運算符號	!	邏輯的 NOT	1
	&&	邏輯的 AND	2
	||	邏輯的 OR	2
比較符號	>	大於	2
	<	小於	2
	>=	大於等於	2
	<=	小於等於	2

運算子種類	符號	運算功能	所需的運算元數目
相等符號	==	等於	2
	!=	不等於	2
	===	事件上的等於	2
	!==	事件上的不等於	2
位元邏輯運算符號	~	取 1 的補數	1
	&	對相對位元 AND	2
	|	對相對位元 OR	2
	^	對相對位元 XOR	2
	~^ 或 ^~	對相對位元 XNOR	2
移位符號	>>	右移	2
	<<	左移	2
連結運算符號	{ }	連結	任意數目
	{{ }}	重複	任意數目
判斷運算符號	?:	做判斷運算	3

運算子使用時有一定的優先順序，如果沒有對其運算子括號 () 處理，則順序如下表所示：

種類	運算子	優先順序
一位元運算 乘、除、取餘數	+ - !! * / %	最高
加、減 移位	+ - >> <<	
比較運算 相等運算	< <= > >= == != === !==	
簡化運算 邏輯運算	& ~& ^ ^~ | ~| && ||	
判斷運算	? :	最低

5-3-3 實例練習

1. 布林函數的硬體實現 $f = \overline{AB+C}$

　　本實例利用資料流層次描述硬體 $f = \overline{AB+C}$，會用到三條輸入線與一條輸出線，因為輸入輸出皆為一位元，所以採用位元邏輯運算子符號，以下為程式範例：

ex1_dataflowboolean.v 程式碼

```
1  module ex1_dataflowboolean(A,B,C,f);
2  input A,B,C;
3  output f;
4  assign f=~((A&B)|C);
5  endmodule
```

模擬結果

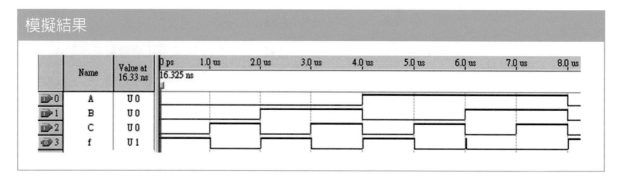

2. 利用連結運算符號完成向量資料組合

　　本實例我們以兩組向量為四位元的輸入資料 A 與 B 作為範例，輸出向量資料 f 為四位元，f 高二位元取 A 的高二位元，f 低二位元取 B 的低二位元，以下為程式範例：

ex2_concat.v 程式碼

```
1  module ex2_concat(A,B,f);
2  input [3:0]A,B;
3  output [3:0]f;
4  assign f={A[3:2],B[1:0]};
5  endmodule
```

模擬結果

	Name	Value at 6.0 us	0 ps ... 1.0 us ... 2.0 us ... 3.0 us ... 4.0
0	⊞ A	B 0000	0101 / 0011 / 0111 / 1000
5	⊞ B	B 0000	1010 / 1000 / 1110 / 0111
10	⊞ f	B 0000	0110 / 0000 / 0110 / 1011

3. 利用判斷運算子完成 $f = \overline{S}A + SB$

　　本實例我們可以使用判斷運算子 (?:) 讓輸出信號選擇哪一條輸入信號，這可用於多工器電路描述，以下為程式範例：

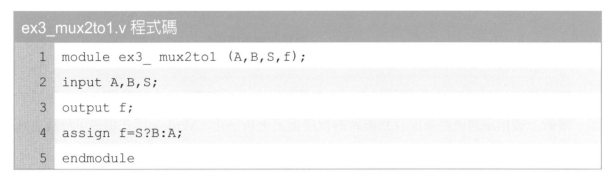

ex3_mux2to1.v 程式碼

```
1   module ex3_ mux2to1 (A,B,S,f);
2   input A,B,S;
3   output f;
4   assign f=S?B:A;
5   endmodule
```

模擬結果

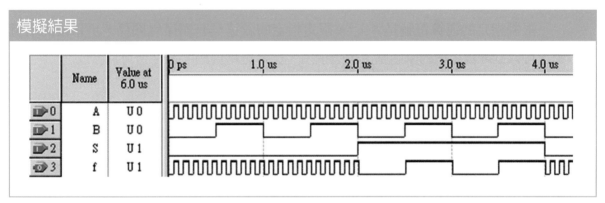

5-4　行為或方程式層次 (Behavioral or Algorithmic Level)

　　Verilog 採用行為或方程式層次描述，設計者僅需瞭解完成硬體電路的演算法和效能，不需要考量邏輯閘層次和資料流層次觀念，使用行為或方程式層次可以描述組合邏輯與順序邏輯電路，是利用高階的方式來描述電路，類似 C 語言，通常行為層次與資料流層次合稱暫存器轉換層次 (Register Transfer Level，RTL)。

　　Verilog 中有兩個結構化程序，其中為 always 及 initial。這兩種程序屬於並行式程式語言，也就是一個 always 和 initial 敘述代表分別一個執行流程，並且如果有多個 always 執行，則每個區塊是同步執行，inital 其起始於模擬時間零，絕不能有巢狀結構。

　　在 always 區塊中的敘述會重複地執行。always 區塊通常配合事件的激發，例如：信號出現正緣、負緣或數值改變時，區塊內的敘述就會被執行。另外 always 使用上盡量在不同的變數中使用其對應獨立的 always 單獨區塊，以避免合成錯誤的訊息，以下為範例：

```
always @(posedge ck1)           //ck1 正緣時就啓動執行 q1+1
   q1=q1+1'b1;
always @(negedge ck2)           //ck2 負緣時就啓動執行 q2-1
   q2=q2-1'b1;
always @(x)                     //x 數值改變就啓動執行 q3 反相
   q3=!q3;
```

程序指定可以用來更新暫存器 (reg)、整數 (integer)、實數 (real) 或時間 (time) 變數的值，變數上被指定的值將被保存到被新的程序指定更新爲止。Verilog 程式指定可分爲方塊程式指定與非方塊程式指定：

1. 方塊程序指定 (限定指定)

限制指定的運算符號是 " = "，限定指定的敘述具有順序性關係，更新後的信號值，可以立即被後續的限定指定敘述使用。組合電路與順序電路皆可以合成。

2. 非方塊程序指定 (無限定指定)

無限定指定的運算符號爲 " <= "。在循序區塊內無限制指定，能安排執行順序不受敘述位置前後的影響，敘述彼此間屬於同時性關係，更新後的信號值必須等下一個週期才可讓後續的無限定指定敘述使用。僅在順序電路底下方可合成成功。無限制指定是運用在：共同事件驅動下數個同時資料轉換。

範例程式

```
1   module test(ck,in1,out1,out2,out3,out4);
2   input ck;
3   input [3:0]in1;
4   output [3:0]out1,out2,out3,out4;
5   reg [3:0]out1,out2,out3,out4;
6   always@(posedge ck)          // 使用限定指定，一行接著一行執行
7   begin
8     out1=in1;
9     out2=out1;
10  end
11  always@(posedge ck)          // 使用無限定指定，out3 與 out4 同時執行動作
12  begin
13    out3<=in1;
14    out4<=out3;
15  end
16  endmodule
```

模擬結果

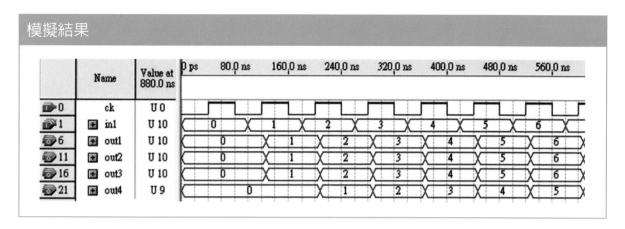

5-4-1　begin...end 方塊指定

利用方塊敘述的目的是將不同的敘述同時集中，與 C 語言的 { } 效果相同，若敘述區塊僅一行時，begin...end 可以省略，而語法範例為：

```
If(rsr)
begin
    out1=4'd0;
end
```

5-4-2　if 敘述

if 條件敘述依照條件成立與否，決定是否執行某敘述或執行其他敘述，其關鍵字為 if 和 else。若有多行敘述必須使區塊群聚，一般關鍵字為 begin 和 end。

```
if （運算式）
    敘述區塊 1；
else
    敘述區塊 2；
```

if-else 敘述也可用 else if 指　接為多重條件判斷，其格式如下：

```
if （運算式 1）
    敘述區塊 1；
else if （運算式 2）
    敘述區塊 2；
else if （運算式 3）
    敘述區塊 3；
else
    敘述區塊 4；
```

以下為 if 使用的範例，動作為當 rst 等於 1 時，也可以寫成 if(rst==1'b1)，輸出 q 為 0，若 rst 不為 1 時，q 等於之前的 q 加一。

範例程式

```
1   If(rst)   // 若 rst=1, 執行 q=0, 若 rst=0, 執行 q=q+1
2     q=4'd0;
3   else
4     q=q+1'b1;
```

5-4-3　case 敘述

　　使用條件敘述時，若有很多選項去選擇一項時，這種巢狀結構的 if-else 選擇會變的很難處理，故我們可以使用多路徑分支 case 方式，來完成相同的結果。通常如果列出電路真值表後可以用 case 方法查表列出。

```
case （變數）
  變數數值 1 ： 敘述區塊 1;
  變數數值 2 ： 敘述區塊 2;
  變數數值 3 ： 敘述區塊 3;
          ⋮
  default ： 敘述區塊 n;
endcase
```

　　以下為使用 case 方法設計的四對一多工器範例，動作為當選擇線 sel 為 $00_{(2)}$ 時，將輸入 i0 送至輸出 q，當選擇線 sel 為 $01_{(2)}$ 時，將輸入 i1 送至輸出 q，當選擇線 sel 為 $10_{(2)}$ 時，將輸入 i2 送至輸出 q，當選擇線 sel 為 $11_{(2)}$ 時，將輸入 i3 送至輸出 q，通常如果要使用查表法方式設計就是用 case 敘述。

範例程式：四對一多工器

```
1    module Mux_4to1(i0,i1,i2,i3,q,sel);
2    input i0,i1,i2,i3;
3    input [1:0] sel;
4    output q;
5    reg q;
6    always @(sel)
7    begin
8      case(sel)
9        2'b00:q=i0;
10       2'b01:q=i1;
11       2'b10:q=i2;
12       2'b11:q=i3;
```

```
13        default : q=1'b0;
14    endcase
15 end
16 endmodule
```

5-4-4　casez、casex 敘述

在 case 敘述中有兩種變化，其關鍵字為 casex,casez。

在 casez 中，不管是在變數或變數數值中所有的 z 值就類似 don't care 一樣。

在 casex 中，對所有的 x 與 z 值皆視為隨意。

故 casex,casez 中僅比較非 x 或 z 位置的值。

以下為使用 casex 方法設計的四對二優先編碼器範例，動作優先順序大小為 i3>i2>i1>i0，其動作為當輸入 i3 為 1 其餘不管，則輸出 q=11，當輸入 i3 為 0 且 i2=1 其餘不管，則輸出 q=$10_{(2)}$，當輸入 i3、i2 為 0 且 i1=1 其餘不管，則輸出 q=$01_{(2)}$，當輸入 i3、i2、i1 為 0 且 i0 為 1，則輸出 q=$00_{(2)}$。

範例程式：四對二優先編碼器

```
1  module encoder_4to2(i0,i1,i2,i3,q);
2  input i0,i1,i2,i3;
3  output [1:0]q;
4  reg [1:0]q;
5  wire [3:0] i;
6  assign i={i3,i2,i1,i0};
7  always @( i)
8  begin
9    casex (i)
10     4'b1xxx : q=2'd3;
11     4'b01xx : q=2'd2;
12     4'b001x : q=2'd1;
13     4'b0001 : q=2'd0;
14     default : q=2'd0;
15   endcase end
16 endmodule
```

5-4-5 迴圈

Verilog 中，有四種迴圈敘述：while、for、repeat、forever。其語法與 C 語言相當類似，而所有的迴圈敘述皆僅能在 initial 或 always 的區塊中，也能包含延遲的敘述。

For 迴圈包含了三個部分：

1. 初始條件 2. 判斷終止條件是否為眞 3. 一個可以改變控制變數的程序指定語法結構為：

```
for ( 迴圈變數 = 低值 ; 迴圈變數 < 高值 ; 迴圈變數 = 迴圈變數 + 常數 )
begin
    < 敘述區塊 >;
end
```

5-5 實例練習

1. 向左移位一位元

本實例為利用行為描述方式搭配資料流描述所提的移位運算子，動作為每當輸入信號 in1 有變化時，將輸入 in1 資料向左移位一位元，再將此值儲存於輸出信號 qout。

ex1_shift_L.v 程式碼

```
1  module ex1_shift_L(in1,qout);
2  input [3:0]in1;
3  output [3:0]qout;
4  reg [3:0]qout;
5  always@(in1)
6  begin
7    qout=in1<<1;
8  end
9  endmodule
```

模擬結果

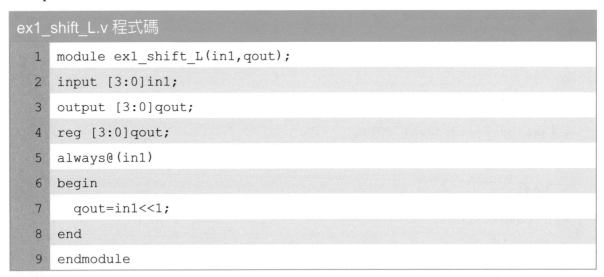

2. 上數器 0-4 含清除功能

　　本範例爲利用行爲描述的緣觸發偵測輸入時脈信號與清除輸入信號控制輸出暫存器計數，其動作情形爲計數範圍爲上數 0 至 4，當清除 clr 信號爲 0 時，輸出 qout 爲 0，當清除 clr 信號爲 0 且輸入時脈 ckin 每次負緣觸發時，輸出 qout 會自動加一，輸出在 0 至 4 之間計數。

ex2_up0_4.v 程式碼

```verilog
1   module ex2_up0_4(ckin,clr,qout);
2   input ckin,clr;
3   output [3:0]qout;
4   reg [3:0]qout;
5   always@(negedge ckin or negedge clr)
6   begin
7     if(!clr)
8       qout=4'd0;
9     else begin
10      qout=qout+1'b1;
11      if(qout>=4'd5) begin
12        qout=4'd0;
13      end
14    end
15  end
16  endmodule
```

模擬結果

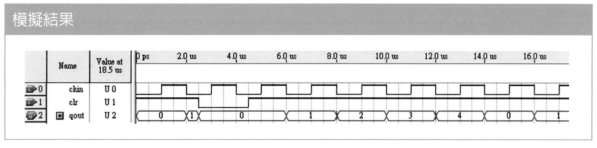

Note

....

....

....

....

....

....

....

....

....

....

....

....

....

Verilog 電路設計－
試題一 四位數顯示裝置

6-1 試題介紹

檢定當天會抽顯示內容：由 J～N 共 5 種組合抽 1 組測試，如圖 6-1 所示。試題一使用的是共陰型掃描七段顯示器，a～g 與 dp 區段高準位輸入並且驅動共同腳是由 CS9013 控制，即電晶體的基極送入高準位，則控制對應的位元的七段顯示器顯示出來。

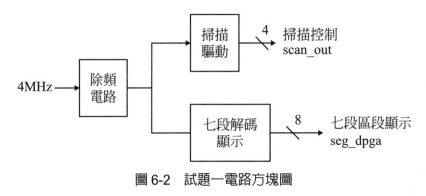

圖 6-1　抽顯示內容

試題一要控制的有七段顯示器的小數點位置與七段顯示器顯示的數字，我們可將此試題的電路方塊圖畫出來，如圖 6-2 所示。

圖 6-2　試題一電路方塊圖

6-2 程式撰寫

根據圖 6-2 所示可將電路分為三個區塊來設計，我們使用硬體描述語言 Verilog 方式可以比較彈性且快速完成試題需求，這三區塊電路的設計概念說明如下：

1. 除頻電路

　　除頻電路中，由於子板提供的石英振盪 4MHz 速度太快，所以必須除頻至約 1kHz，程式碼內除頻的資料長度 (div) 設為 12 位元，div 計數範圍 000H ～ FFFH，也就是除頻 2^{12} ≒ 4k，除頻輸出取最大位元 div[11] 可得到約 4M/4k=1kHz。以下為除頻電路的 Verilog 程式：

```
1  input ck;   // 石英振盪 4MHz
2  reg [11:0] div=12'd0;
3  always @ (posedge ck)
4  begin
5      div<=div+1'd1;
6  end
```

2. 掃描驅動

　　因為試題使用 CS9013 與共陰型掃描式四位元七段顯示器，所以掃描控制需要 4 位元以及 4 個狀態來多工顯示各位元數字，七段顯示器的掃描信號由 scan_out 來控制，當 scan_out=4'b1000 時，下次時脈 scan_out 要設為 4'b0001；當 scan_out=4'b0001 時，下次時脈 scan_out 要設為 4'b0010；當 scan_out=4'b0010 時，下次時脈 scan_out 要設為 4'b0100；當 scan_out=4'b0100 時，下次時脈 scan_out 要設為 4'b1000。掃描驅動的輸出 scan_out 的對應七段顯示器信號顯示，如下表所示：

scan_out	位元顯示
0001	
0010	
0100	
1000	

以下爲掃描驅動電路的 Verilog 程式：

```
1  output [3:0]scan_out;   // 掃描共同腳
2  reg [3:0]scan_out;
3  always @ (posedge div[11])
4  begin
5   case (scan_out)
6     4'b1000: begin scan_out<=4'b0001; end   // 個位顯示
7     4'b0001: begin scan_out<=4'b0010; end   // 十位顯示
8     4'b0010: begin scan_out<=4'b0100; end   // 百位顯示
9     default: begin scan_out<=4'b1000; end   // 千位顯示
10  endcase
11 end
```

3. 七段解碼顯示

根據掃描驅動 scan_out 信號，scan_out=4'b0001 爲個位數顯示，scan_out=4'b0010 爲十位數顯示，scan_out=4'b0100 爲百位數顯示，scan_out=4'b1000 爲千位數顯示，所以可以將掃描驅動的程式碼加入七段解碼顯示的電路。

假設抽到的是 J 顯示，檢定日期爲 7 月 5 日，崗位號碼爲 19 號，則七段顯示器要顯示的是 05.19，如圖 6-3 所示爲七段顯示對應的區段解碼數值，可將 dp ～ a 區段數值填入至 case 內。

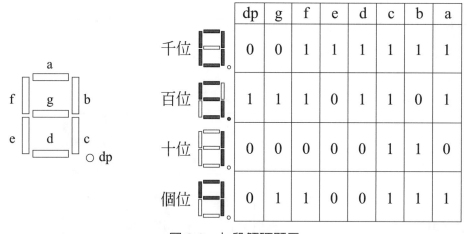

	dp	g	f	e	d	c	b	a
千位	0	0	1	1	1	1	1	1
百位	1	1	1	0	1	1	0	1
十位	0	0	0	0	0	1	1	0
個位	0	1	1	0	0	1	1	1

圖 6-3　七段解碼顯示

以下爲掃描驅動電路與七段解碼顯示電路的 Verilog 程式：

```
1  output [3:0]scan_out;   // 掃描共同腳
2  output [7:0]seg_dpga;   //dpg~a 區段
3  reg [3:0]scan_out;
4  reg [7:0]seg_dpga;
```

```
5   always @ (posedge div[11])
6   begin
7    case (scan_out)
8       4'b1000: begin scan_out<=4'b0001;seg_dpga<=8'b0110_0111; end   // 個位顯示 9
9       4'b0001: begin scan_out<=4'b0010;seg_dpga<=8'b0000_0110; end   // 十位顯示 1
10      4'b0010: begin scan_out<=4'b0100;seg_dpga<=8'b1110_1101; end   // 百位顯示 5.
11      default: begin scan_out<=4'b1000;seg_dpga<=8'b0011_1111; end   // 千位顯示 0
12     endcase
13  end
```

　　有了三個區塊電路的概念後，接下來就是完成 CPLD 的部分。在 Quartus 軟體的操作步驟如下：

步驟 1　先創立一個新資料夾，檔案命名為 ex1A。

步驟 2　打開 Quartus9.1sp2 或 Quartus13 版本。

步驟 3　點選 Creat a New Project，如圖 6-4 所示。

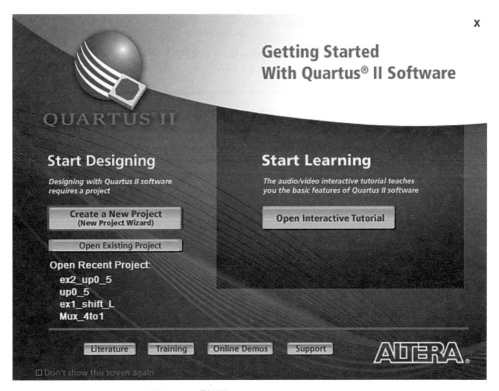

圖 6-4　點選 Creat a New Project

步驟 4 ► 點選 Next，如圖 6-5 所示。

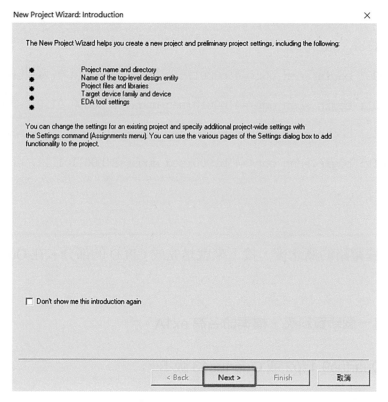

圖 6-5 點選 Next

步驟 5 ► 電路專案命名，如圖 6-6 所示。

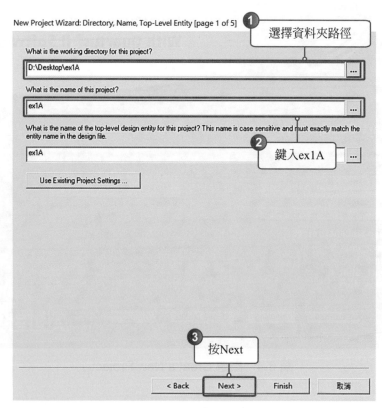

圖 6-6 電路專案命名

步驟 6 按 Next，如圖 6-7 所示。

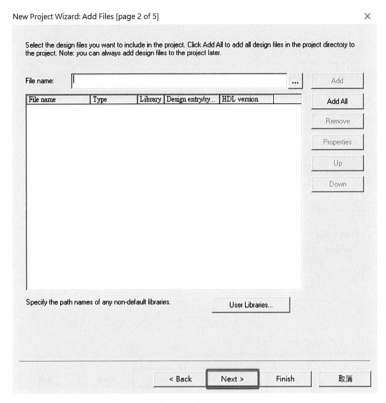

圖 6-7　按 Next

步驟 7 晶片選擇，如圖 6-8 所示。

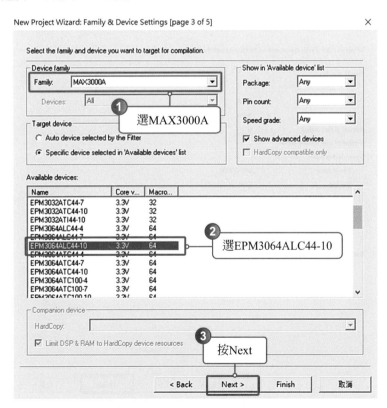

圖 6-8　晶片選擇

步驟 8 ▶ 按 Next，如圖 6-9 所示。

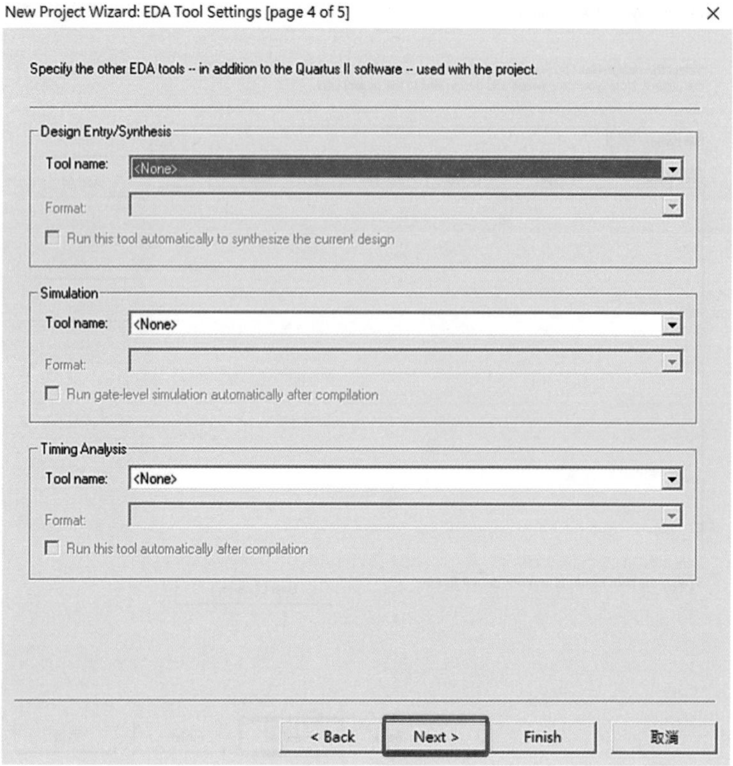

圖 6-9　按 Next

步驟 9 ▶ 按 Finish，如圖 6-10 所示。

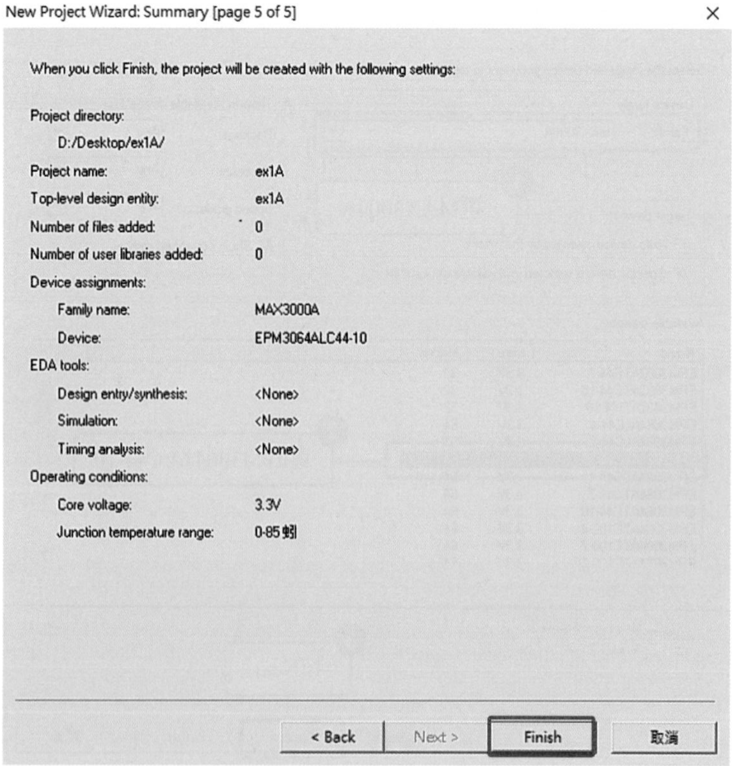

圖 6-10　按 Finish

步驟 10 建立新檔案，點 ⬜。

步驟 11 選擇 Verilog HDL File，如圖 6-11 所示。

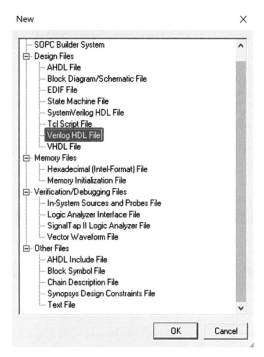

圖 6-11 選擇 Verilog HDL File

步驟 12 撰寫程式碼，如以下所示：

```
1   module ex1A(ck,scan_out,seg_dpga);   // 掃描七段顯示
2   input ck;   // 石英振盪 4MHz
3   output [3:0]scan_out;   // 掃描共同腳
4   output [7:0]seg_dpga;   //dpg~a 區段
5   reg [11:0] div=12'd0;
6   reg [3:0]scan_out;
7   reg [7:0]seg_dpga;
8   //==== 除頻 4k=========
9   always @ (posedge ck)
10  begin
11      div<=div+1'd1;
12  end
13  //===============
14  //==== 七段解碼，掃描驅動 ====
```

```
15  always @ (posedge div[11])
16  begin
17   case (scan_out)
18     4'b1000: begin scan_out<=4'b0001;seg_dpga<=8'b0110_0111; end   // 個位顯示9
19     4'b0001: begin scan_out<=4'b0010;seg_dpga<=8'b0000_0110; end   // 十位顯示1
20     4'b0010: begin scan_out<=4'b0100;seg_dpga<=8'b1110_1101; end   // 百位顯示5.
21     default: begin scan_out<=4'b1000;seg_dpga<=8'b0011_1111; end   // 千位顯示0
22   endcase
23  end
24  //=========================
25  endmodule
```

注意：程式碼紅字部分由應檢人視 J ～ N 共 5 種組合，抽 1 組的顯示需求做數碼設計。

步驟 13 ▶ 按存檔 💾 。

步驟 14 ▶ 按 ▶ Start Compilation，正常會顯示 0 錯誤以及編譯的結果，如圖 6-12 所示。

圖 6-12　編譯結果

步驟 15 按 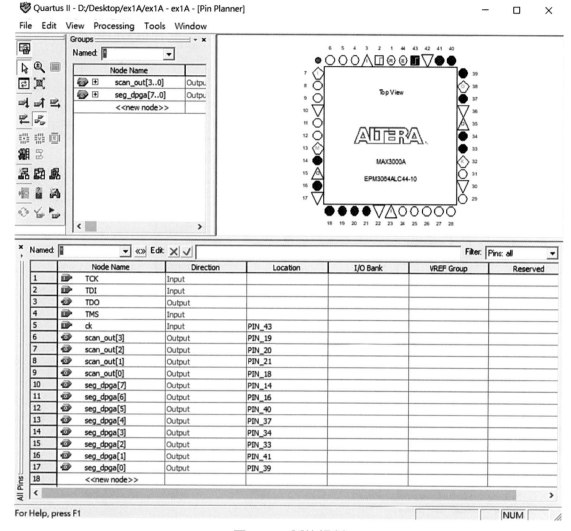 進行腳位規劃，規劃要按照 KiCad 電路圖安排腳位，如圖 6-13 所示。

圖 6-13　腳位規劃

步驟 16 再按 ▶ Start Compilation。

步驟 17 按 進行晶片燒錄。燒錄前記得要安裝 USB Blaster 驅動，安裝驅動路徑為 C:\altera\91sp2\quartus\drivers\usb-blaster。確定有安裝驅動後，進入燒錄頁面選擇硬體安裝如圖 6-14 所示，選擇 USB-Blaster 再按 Close。

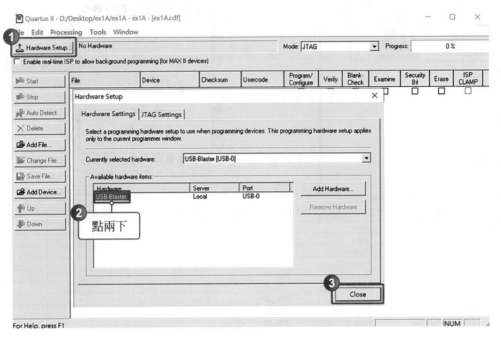

圖 6-14　燒錄頁面選擇硬體安裝

步驟 18 燒錄前子板 VCC 與 GND 接上電源 3.3V，並且如圖 6-15 所示，先打勾 Program 再按 Start 開始燒錄。

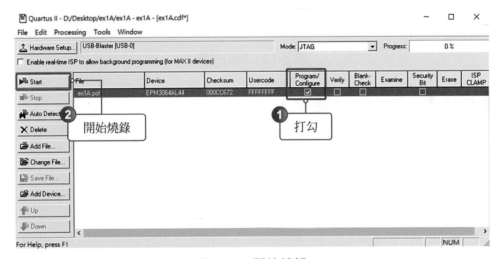

圖 6-15　開始燒錄

步驟 19 觀察電路板是否正常動作顯示，即可準備收尾完成檢定。

習慣使用 VHDL 語法也可以根據此三個方塊電路的動作完成，故讀者可參考以下的 VHDL 程式完成試題一工作要求：

試題一 VHDL 程式碼

```vhdl
1   -- 掃描七段顯示
2   library ieee;
3   use ieee.std_logic_1164.all;
4   use ieee.std_logic_unsigned.all;
5   entity ex1A_vhdl is
6     port(ck: in std_logic;
7       scan_out:buffer std_logic_vector(3 downto 0);-- 掃描共同
8       seg_dpga:buffer std_logic_vector(7 downto 0));--dpg~a 區段
9   end ex1A_vhdl;
10
11  architecture behave of ex1A_vhdl is
12  signal div: std_logic_vector(11 downto 0);
13  begin
14  process(ck)
15  begin
16    if rising_edge(ck)then -- 除頻 4k
17      div<=div+1;
18    end if;
19    if rising_edge(div(11))then -- 七段解碼，掃描驅動
20      case scan_out is
21        when "1000" =>scan_out<="0001";seg_dpga<="01100111";-- 個位顯示 9
22        when "0001" =>scan_out<="0010";seg_dpga<="00000110";-- 十位顯示 1
23        when "0010" =>scan_out<="0100";seg_dpga<="11101101";-- 百位顯示 5.
24        when others =>scan_out<="1000";seg_dpga<="00111111";-- 千位顯示 0
25      end case;
26    end if;
27  end process;
28  end behave;
```

注意：程式碼紅字部分由應檢人視 J ～ N 共 5 種組合，抽 1 組的顯示需求做數碼設計。

CHAPTER

7

Verilog 電路設計－
試題二 鍵盤輸入顯示裝置

7-1 試題介紹

7-2 程式撰寫

7-1 試題介紹

檢定當天會抽顯示內容：由 J ～ N 共 5 種組合抽 1 組測試，如圖 7-1 所示。試題二使用的是 3×4 鍵盤與共陽型七段顯示器，a ～ g 與 dp 區段低準位輸入，鍵盤 "*" 和 "#" 部分必須視當天抽題的組合做解碼顯示。

組合	試題一	試題二	
		"*" 鍵	"#" 鍵
J	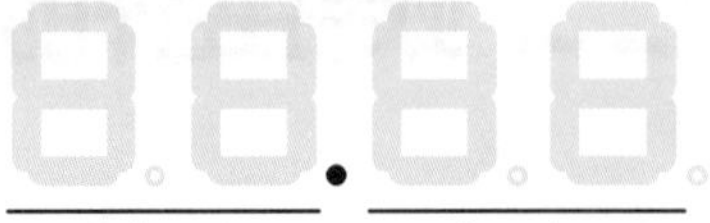 應考日期　　岡位號碼	 ⊏	 ⊐
K	 岡位號碼　　術科測試編號後2碼	 ⊏	 ⊐
L	 試題編號　術科測試編號後3碼	 E	 H
M	術科測試編號後3碼　試題編號	 ⊓	 ⊔
N	 岡位號碼　　應考日期	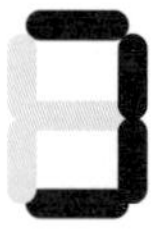 ⊐	 ⊏

圖 7-1 抽顯示內容

試題二是由鍵盤輸入，在七段顯示器立即反應顯示鍵盤按的數字符號，我們可將此試題的電路方塊圖畫出來，如圖 7-2 所示。

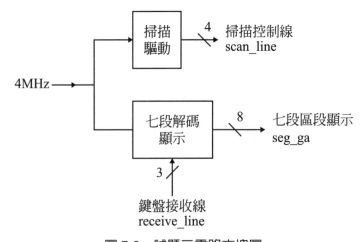

圖 7-2　試題二電路方塊圖

7-2 程式撰寫

根據圖 7-2 所示可將電路分為兩個區塊來設計，鍵盤的內部構造如圖 7-3 所示，透過掃描控制線輸入信號到 R3 ～ R0，再由鍵盤接收線接至 C2 ～ C0，當壓下按鍵 1 則 R0 與 C0 短路，當壓下按鍵 2 則 R0 與 C1 短路，其他按鍵皆以同樣方式推導動作。

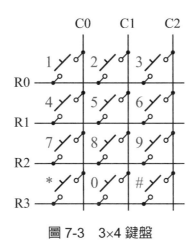

圖 7-3　3×4 鍵盤

由第四章介紹試題二 KiCad 繪圖，我們是將鍵盤的七隻腳各接一電阻到 VCC，所以常態 R3 ～ R0 與 C2 ～ C0 腳位都是高態，此時我們就可以使用硬體描述語言 Verilog 方式彈性且迅速地完成試題需求，這兩區塊電路的設計概念說明如下：

1. 掃描驅動電路

　　掃描驅動控制需要 4 位元以及 4 個狀態來做多工掃描各橫行的按鍵，當 scan_line=4'b1110 時，是對按鍵 123 做掃描，在下一時脈觸發時 scan_line 要設為 4'b1101；當 scan_line= 4'b1101 時，是對按鍵 456 做掃描，在下一時脈觸發時 scan_line 要設為 4'b1011；當 scan_line=4'b1011 時，是對按鍵 789 做掃描，在下一時脈觸發時 scan_line 要設為 4'b0111；當 scan_line=4'b0111 時，是對按鍵 *0# 做掃描，在下一時脈觸發時 scan_line 要設回 4'b1110；如下表所示電路維持這四個狀態運行。

掃描控制線	偵測鍵盤按鍵
1110	1 2 3
1101	4 5 6
1011	7 8 9
0111	* 0 #

以下為掃描驅動電路的 Verilog 程式：

```
1   input ck;
2   output [3:0]scan_line;   // 鍵盤－行（掃描線）
3   reg [3:0] scan_line;
4   always @ (posedgeck)
5   begin
6     case(scan_line)
7        4'b1110: scan_line<=4'b1101;
8        4'b1101: scan_line<=4'b1011;
9        4'b1011: scan_line<=4'b0111;
10  default:scan_line<=4'b1110;
11  endcase
12  end
```

2. 七段解碼顯示

　　根據掃描控制線 scan_line 信號，scan_line=4'b1110 為按鍵 123 偵測，當鍵盤接收線 receive_line=4'b110 代表按鍵 1 被壓下，當鍵盤接收線 receive_line=4'b101 代表按鍵 2 被壓下，當鍵盤接收線 receive_line=4'b011 代表按鍵 3 被壓下。其他狀態的掃描控制線便可同理推導按鍵與鍵盤接收線信號的對應關係。

　　程式部分我們可以將掃描驅動電路與七段解碼顯示寫在一起，欲使共陽型七段顯示器該區段要亮則區段必須給低態信號，假設抽到的是 J 顯示，則七段顯示器對應顯示的數值如圖 7-4 所示。

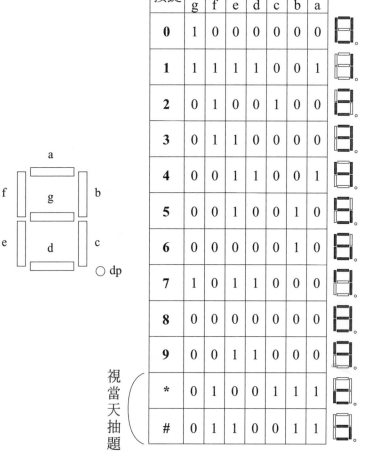

按鍵	seg_ga						
	g	f	e	d	c	b	a
0	1	0	0	0	0	0	0
1	1	1	1	1	0	0	1
2	0	1	0	0	1	0	0
3	0	1	1	0	0	0	0
4	0	0	1	1	0	0	1
5	0	0	1	0	0	1	0
6	0	0	0	0	0	1	0
7	1	0	1	1	0	0	0
8	0	0	0	0	0	0	0
9	0	0	1	1	0	0	0
*	0	1	0	0	1	1	1
#	0	1	1	0	0	1	1

視當天抽題

圖 7-4　鍵盤對應七段解碼顯示

有了這兩個區塊電路的概念後，接下來就是完成 CPLD 的部分。在 Quartus 軟體的操作步驟如下：

步驟 1 先創立一個新資料夾，檔案命名為 ex2A。

步驟 2 打開 Quartus9.1sp2 或 Quartus13 版本。

步驟 3 點選 Creat a New Project，如圖 7-5 所示。

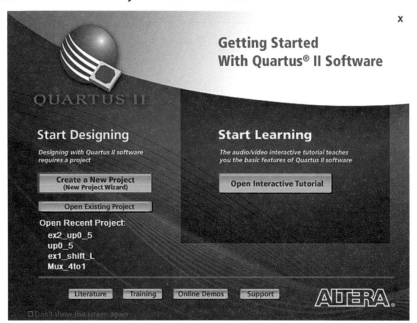

圖 7-5 點選 Creat a New Project

步驟 4 點選 Next，如圖 7-6 所示。

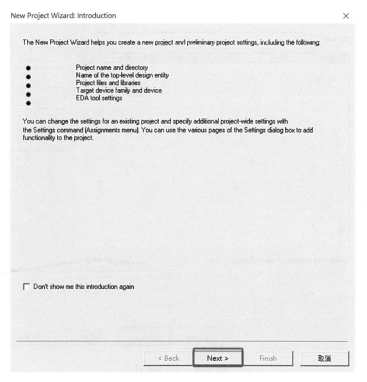

圖 7-6 點選 Next

步驟 5 電路專案命名，如圖 7-7 所示。

New Project Wizard: Directory, Name, Top-Level Entity [page 1 of 5]
選擇資料夾路徑
What is the working directory for this project?
D:\Desktop\ex2A
What is the name of this project?
ex2A
What is the name of the top-level design entity for this project? This name is case sensitive and must exactly match the entity name in the design file.
ex2A
鍵入ex2A
Use Existing Project Settings ...
按Next
< Back
Next >
Finish
取消

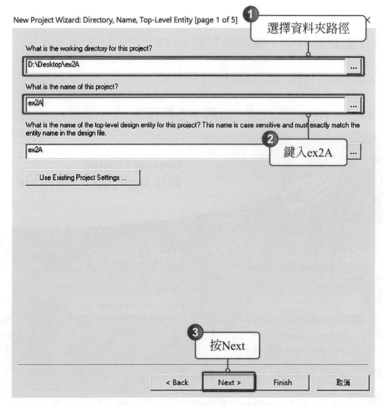

圖 7-7　電路專案命名

步驟 6 按 Next，如圖 7-8 所示。

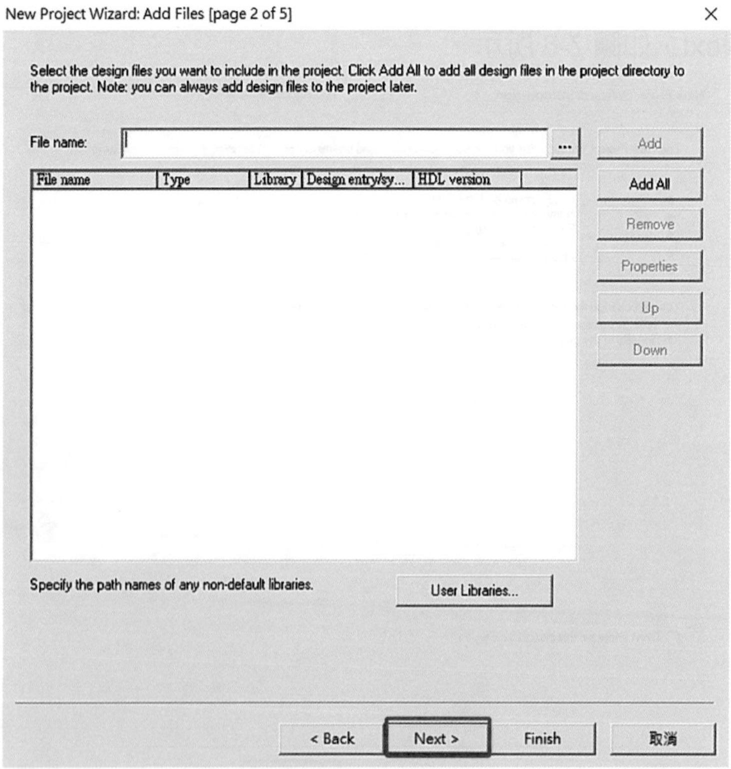

New Project Wizard: Add Files [page 2 of 5]
Select the design files you want to include in the project. Click Add All to add all design files in the project directory to the project. Note: you can always add design files to the project later.
File name:
Add
Add All
Remove
Properties
Up
Down
File name
Type
Library
Design entry/sy...
HDL version
Specify the path names of any non-default libraries.
User Libraries...
< Back
Next >
Finish
取消

圖 7-8　按 Next

步驟 7　晶片選擇，如圖 7-9 所示。

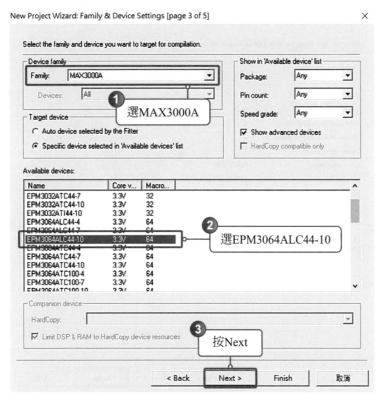

圖 7-9　晶片選擇

步驟 8　按 Next，如圖 7-10 所示。

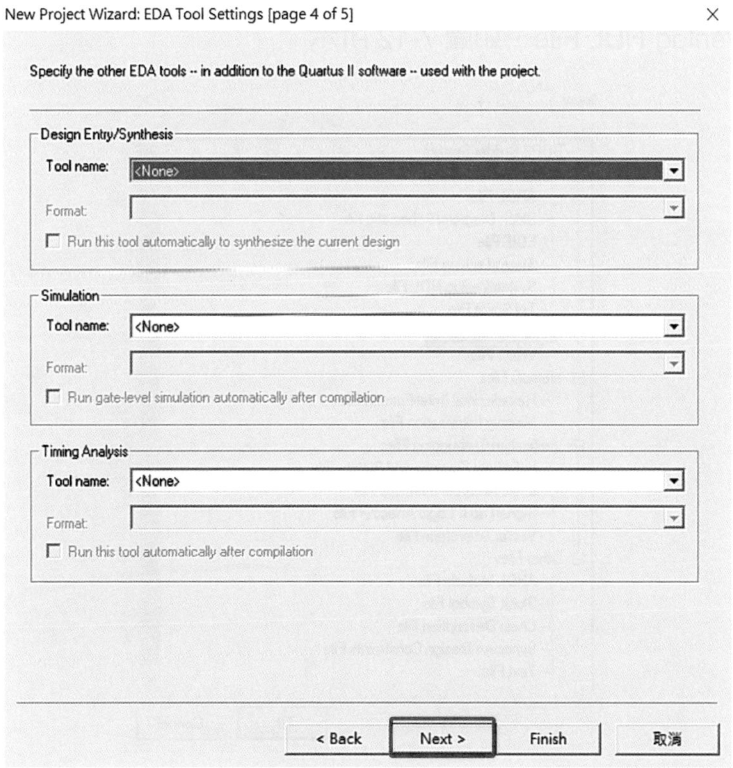

New Project Wizard: EDA Tool Settings [page 4 of 5]　　　　　　　　×

Specify the other EDA tools -- in addition to the Quartus II software -- used with the project.

Design Entry/Synthesis
Tool name: <None>
Format:
☐ Run this tool automatically to synthesize the current design

Simulation
Tool name: <None>
Format:
☐ Run gate-level simulation automatically after compilation

Timing Analysis
Tool name: <None>
Format:
☐ Run this tool automatically after compilation

< Back　　Next >　　Finish　　取消

圖 7-10　按 Next

步驟 9 ▶ 按 Finish，如圖 7-11 所示。

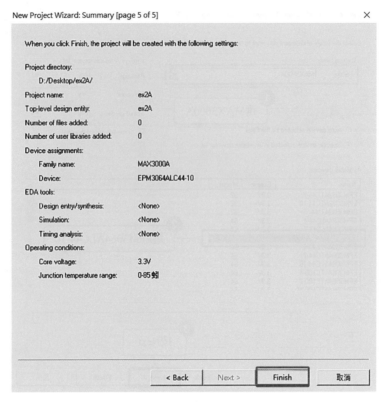

圖 7-11　按 Finish

步驟 10 ▶ 建立新檔案，點 ▯。

步驟 11 ▶ 選擇 Verilog HDL File，如圖 7-12 所示。

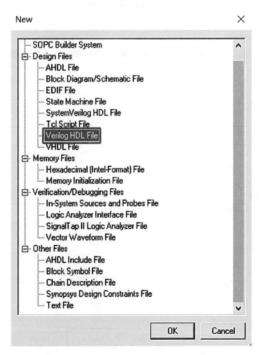

圖 7-12　選擇 Verilog HDL File

步驟 12 撰寫程式碼，如以下所示：

```verilog
1   module ex2A(ck,scan_line,receive_line,seg_ga);   // 鍵盤掃描七段顯示
2   input ck;
3   input [2:0] receive_line;   // 鍵盤－列（接收線）
4   output [3:0]scan_line;   // 鍵盤－行（掃描線）
5   output [6:0] seg_ga;   // 七段解碼顯示
6   wire [2:0] receive_line;
7   reg [3:0] scan_line;
8   reg [6:0] seg_ga;
9   //========= 行掃描列接收七段解碼 ===============
10  always @ (posedgeck)
11  begin
12    case(scan_line)
13      4'b1110:begin scan_line<=4'b1101;
14              if(receive_line==3'b110)
15                  seg_ga<=7'b111_1001;   //1
16              else if(receive_line==3'b101)
17                  seg_ga<=7'b010_0100;   //2
18              else if(receive_line==3'b011)
19                  seg_ga<=7'b011_0000;   //3
20              end
21      4'b1101:begin scan_line<=4'b1011;
22              if(receive_line==3'b110)
23                  seg_ga<=7'b001_1001;   //4
24              else if(receive_line==3'b101)
25                  seg_ga<=7'b001_0010;   //5
26              else if(receive_line==3'b011)
27                  seg_ga<=7'b000_0010;   //6
28              end
29      4'b1011:begin scan_line<=4'b0111;
30              if(receive_line==3'b110)
31                  seg_ga<=7'b101_1000;   //7
32              else if(receive_line==3'b101)
33                  seg_ga<=7'b000_0000;   //8
34              else if(receive_line==3'b011)
35                  seg_ga<=7'b001_1000;   //9
36              end
37  default:beginscan_line<=4'b1110;
```

```
38          if(receive_line==3'b110)
39              seg_ga<=7'b010_0111;   //* 抽題 J
40          else if(receive_line==3'b101)
41              seg_ga<=7'b100_0000;   //0
42          else if(receive_line==3'b011)
43              seg_ga<=7'b011_0011;   //# 抽題 J
44          end
45 endcase
46 end
47 //=============================================
48 endmodule
```

注意：程式碼紅字部分由應檢人視 J～N 共 5 種組合抽 1 組的顯示需求做數碼設計。

以下為 J～N 抽題的參考數碼：

組合	試題一	試題二	
		"＊"鍵	"＃"鍵
J	應考日期　崗位號碼		
K	崗位號碼　術科測試編號後2碼		
L	試題編號　術科測試編號後3碼		
M	術科測試編號後3碼　試題編號		
N	崗位號碼　應考日期		

抽題	按鍵	gfe_dcba
J	*	010_0111
	#	011_0011
K	*	001_1110
	#	011_1100
L	*	000_0110
	#	000_1001
M	*	101_1100
	#	110_0011
N	*	111_0000
	#	100_0110

步驟 13 按存檔 ▣ 。

步驟 14 按 ▶ Start Compilation，正常會顯示 0 錯誤以及編譯的結果，如圖 7-13 所示。

Flow Status	Successful - Mon Sep 26 13:04:54 2022
Quartus II Version	9.1 Build 350 03/24/2010 SP 2 SJ Web Edition
Revision Name	ex2A
Top-level Entity Name	ex2A
Family	MAX3000A
Device	EPM3064ALC44-10
Timing Models	Final
Met timing requirements	Yes
Total macrocells	21 / 64 (33 %)
Total pins	19 / 34 (56 %)

Quartus II ✕

ⓘ Full Compilation was successful (2 warnings)

確定

圖 7-13 編譯結果

步驟 15 按 💟 進行腳位規劃，規劃要按照 KiCad 電路圖安排腳位，如圖 7-14 所示。

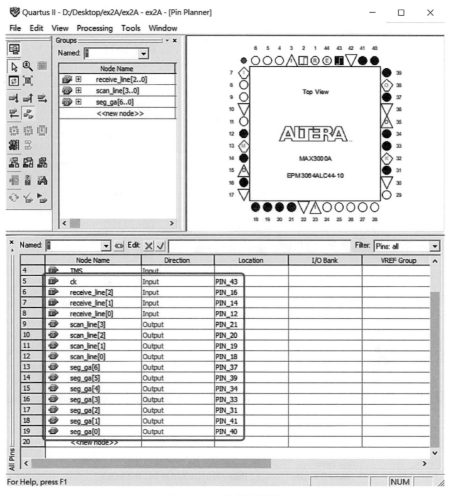

圖 7-14 腳位規劃

步驟 16 再按 ▶ Start Compilation。

步驟 17 按 ✍ 進行晶片燒錄。燒錄前子板 VCC 與 GND 接上電源 3.3V，並且如圖 7-15 所示，先打勾 Program 再按 Start 開始燒錄。

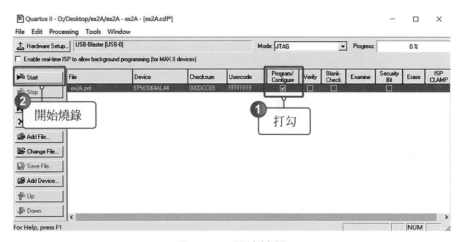

圖 7-15 開始燒錄

步驟 18 觀察電路板是否正常動作顯示，即可準備收尾完成檢定。

習慣使用 VHDL 語法也可以根據此二個區塊電路的動作完成，故讀者可參考以下的
VHDL 程式完成試題二工作要求：

試題二 VHDL 程式碼

```vhdl
1   -- 鍵盤掃描　七段顯示
2   library ieee;
3   use ieee.std_logic_1164.all;
4   use ieee.std_logic_unsigned.all;
5   entity ex2A_vhdl is
6     port(ck: in std_logic;
7       scan_line:buffer std_logic_vector(3 downto 0);-- 鍵盤 - 行（掃描線）
8       receive_line:in std_logic_vector(2 downto 0);-- 鍵盤 - 列（接收線）
9       seg_ga:buffer std_logic_vector(6 downto 0));-- 七段解碼顯示 g~a 區段
10  end ex2A_vhdl;
11  architecture behave of ex2A_vhdl is
12  begin
13  process(ck)
14  begin
15    if rising_edge(ck)then -- 七段解碼，掃描驅動
16      case scan_line is
17        when "1110" =>scan_line<="1101";
18            if receive_line="110" then
19                seg_ga<="1111001";--1
20            elsif receive_line="101" then
21                seg_ga<="0100100";--2
22            elsif receive_line="011" then
23                seg_ga<="0110000";--3
24            end if;
25        when "1101" =>scan_line<="1011";
26            if receive_line="110" then
27                seg_ga<="0011001";--4
28            elsif receive_line="101" then
29                seg_ga<="0010010";--5
```

```
30          elsif receive_line="011" then
31               seg_ga<="0000010";--6
32          end if;
33      when "1011" =>scan_line<="0111";
34          if receive_line="110" then
35               seg_ga<="1011000";--7
36          elsif receive_line="101" then
37               seg_ga<="0000000";--8
38          elsif receive_line="011" then
39               seg_ga<="0011000";--9
40          end if;
41      when others =>scan_line<="1110";
42          if receive_line="110" then
43               seg_ga<="0100111";--*
44          elsif receive_line="101" then
45               seg_ga<="1000000";--0
46          elsif receive_line="011" then
47               seg_ga<="0110011";--#
48          end if;
49      end case;
50    end if;
51  end process;
52  end behave;
```

注意：程式碼紅字部分由應檢人視 J ～ N 共 5 種組合，抽 1 組的顯示需求做數碼設計。

CHAPTER

8

硬體描述語言 VHDL 介紹

8-1 硬體描述語言 VHDL 語法

VHDL 稱超高速積體電路硬體描述語言（VHSIC very high-speed hardware description language）1983 年美國國防部委託 IBM、Texas Instrument、Intermetrics 負責發展，1987 年被美國國防部和 IEEE 確定為標準的硬體描述語言，此一標準稱之為 IEEE Std 1076-1987，又稱 VHDL 87。自從 IEEE 發布了 VHDL 的第一個標準版本 IEEE 1076-1987 後，全球各大 EDA 公司先後推出了自己支援 VHDL 的 EDA 工具。此後 IEEE 又先後發布了 IEEE 1076-1993 和 IEEE 1076-2000 版本。

VHDL 程式中可以增加註解欄，註解欄的目的試題高程式的可讀性，以利將來程式的維護，它是用來提醒人類或注意的事項，實際上註解欄未必要存在。於 VHDL 中必須以 "－－" 為開頭，並且每一行都必須要有。在 VHDL 程式的基本架構包含：

```
library IEEE;
Use IEEE.std_logic_1164.all;          使用的 Library

entity 電路名稱 is
 port(
     A:in STD_LOGIC;                  輸入輸出腳
     F:out STD_LOGIC                  的定義
     );
end 電路名稱;

architecture 架構名稱 of 電路名稱 is
begin                                 電路
  F<=not A;                           規劃
end 架構名稱;
```

程式碼代號	中文	敘述
Library	目錄區	解釋程式中所宣告所用的各單位
Entity	單體	描述階層式方塊的介面，即輸入輸出的宣告
Architecture	架構描述	描述電路單體的內部結構或行為

一、Library 目錄區

我們在設計程式時往往會用到自己或系統內部的定義及程式，此時我們就必須以 Library 指令宣告 (與 C 語言的 include 宣告類似)，最常用的 Library 為：

1. std_logic_1164

   宣告了 std_logic、std_logic_vector 等邏輯函數。若做邏輯運算，就要 use 這宣告。

2. std_logic_arith

   要進行算術運算的話，就要 use 這個宣告。

3. std_logic_unsigned、std_logic_signed

若算術運算是帶符號運算，就要 use std_logic_signed。

若是無符號運算，就要 use std_logic_unsigned。

Library 宣告語法如下：

```
library IEEE;
Use IEEE.std_logic_1164;
Use IEEE.std_logic_arith;
Use IEEE.std_logic_unsigned;
```

二、Entity 單體

VHDL 語法中 Entity 描述的介面是以「entity…is…end」來表示。在 Entity 單體的輸入輸出腳位規劃 (埠，port) 可以分為四種模式：

1. in：輸入腳，該腳位要從外界接收信號。
2. out：輸出腳，該腳位要信號傳送到外界。
3. inout：輸入出腳，該腳位可接收傳送雙向。
4. buffer：緩衝腳，屬於輸出腳。

Entity 宣告語法如下：

```
entity 電路名稱 is
  port(
        a: in STD_LOGIC;
        b: in STD_LOGIC_VECTOR(1 download 0);
        f: out STD_LOGIC_VECTOR(3 download 0)
     );
end 電路名稱
```

(1) a：in STD_LOGIC

代表 a 是一位元的邏輯輸入腳

(2) b：in STD_LOGIC_VECTOR(1 download 0)

代表 b 是二位元 (有第 1、0 條) 的邏輯輸入腳

(3) f：out STD_LOGIC_VECTOR(3 download 0)

代表 f 是四位元的邏輯輸出腳

記得最後一個輸入輸出的宣告結束不用加上 " ; "。

三、Architecture 架構描述

架構描述是敘述設計電路的行為及特性，內容就是設計實體內的數位運算單元。語法以「architecture…of…is…begin…end」來表示。以 VHDL 做一個反相器為例：

```
--******************                    }
-- Title  : Not Gate                      註解
-- Author: Y.T. Chang
--******************                    }

library IEEE;                          }
Use IEEE.std_logic_1164.all;             使用的 Library

entity not_gate is                     }
 port(
      A:in STD_LOGIC;                     輸入輸出腳
      F:out STD_LOGIC                     的定義
      );
end not_gate;                          }

architecture not_gate_arch of not_gate is   }
begin                                         電路
  F<=not A;                                   規劃
end not_gate_arch;                          }
```

Architecture 包含三種描述方式，分別是結構性描述 (Structure Description)、資料流描述 (Dataflow)、行為性描述 (Behavior Description)，這三類的描述方法我們將於下面章節逐一介紹。

8-2 資料流描述 (Dataflow)

資料流描述 (Dataflow) 的電路架構描述主要是利用布林方程式來表現各信號之間的布林代數關係，定義資料在信號間或資料再輸入、輸出間的傳遞關係。在資料流的描述方法中，是利用訊號的指定 Assignment 方式來描述電路內訊號資料的流動情形，這些指定於 VHDL 可以區分為三種：

1. 直接式訊號指定 " <= "。
2. 條件式 Conditional 的訊號設定 " when…else "。
3. 選擇性 Selected 的訊號設定 " with…select…when "。

這三種的設定方式都具有共時性的並行處理理念，以下面的例子來說：

X<=not A	Y<=B or C
Y<=B or C	Z<=C and D
Z<=C and D	X<=not A

由於同時性的關係，左右邊的程式順序寫法是不會影響電路合成的結果，這兩程式所形成的電路如右圖所示。

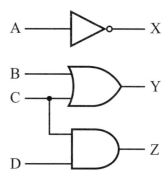

8-2-1　直接式訊號指定

直接式訊號指定就是將一個表示式處理後的結果，再指定給否一資料物件，其基本語法為：

資料物件 <= 表示式 ;

以下我們就用 2 對 4 解碼器做個範例：

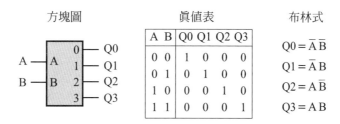

方塊圖	眞值表	布林式

A B	Q0	Q1	Q2	Q3
0 0	1	0	0	0
0 1	0	1	0	0
1 0	0	0	1	0
1 1	0	0	0	1

$Q0 = \overline{A}\,\overline{B}$
$Q1 = \overline{A}\,B$
$Q2 = A\,\overline{B}$
$Q3 = A\,B$

程式碼 decoder2to4.vhd

```
1   library IEEE;
2   Use IEEE.std_logic_1164.all;
3
4   entity decoder2to4 is
5     port(
6              A,B:in STD_LOGIC;
7              Q0,Q1,Q2,Q3:out STD_LOGIC
8          );
9   end decoder2to4;
10
11  architecture arch of decoder2to4 is
12  begin
13    Q0<=(not A) and (not B);
14    Q1<=(not A) and (B);
15    Q2<=(A) and (not B);
16    Q3<=(A) and (B);
17  end arch;
```

時序模擬

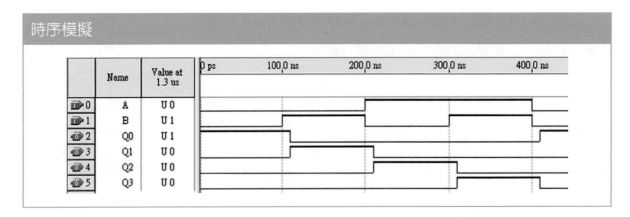

8-2-2 條件式 Conditional 的訊號設定 "when…else"

條件式訊號指定是先判斷條件式否符合要求，再來決定訊號是否要被設定，執行方式也是屬於同時性。VHDL 的條件式訊號設定有兩種敘述語法：

1. 單行敘述 Single Statement，基本語法為：

> 訊號 Y <= 訊號 A when 條件 else 訊號 B ;

2. 多行敘述 Multiple Statement，基本語法為：

> 訊號 Y <= 訊號 A when 條件 1　else
>
> 　　　　　訊號 B when 條件 2　else
>
> 　　　　　　　⋮
>
> 　　　　　訊號 Z ;

以下我們就用 1 對 2 解多工器做單行敘述範例：

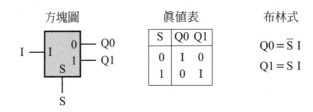

程式碼 demux2to1.vhd

```
1  library IEEE;
2  Use IEEE.std_logic_1164.all;
3
4  entity demux1to2 is
5    port(
6              i,s:in STD_LOGIC;
7              Q0,Q1:out STD_LOGIC
8          );
9  end demux1to2;
10
```

```
11  architecture arch of demux1to2 is
12  begin
13    Q0<=i when s='0' else '0';
14    Q1<=i when s='1' else '0';
15  end arch;
```

時序模擬

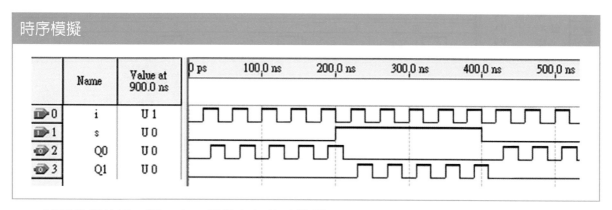

以下我們就用 4 對 1 多工器做多行敘述範例：

方塊圖　　　　真值表

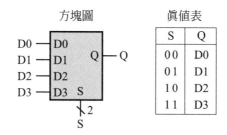

S	Q
00	D0
01	D1
10	D2
11	D3

程式碼 mux4to1.vhd

```
1   library IEEE;
2   Use IEEE.std_logic_1164.all;
3
4   entity mux4to1 is
5     port(
6            D0,D1,D2,D3:in STD_LOGIC;
7            S:in STD_LOGIC_VECTOR(1 downto 0);
8            Q:out STD_LOGIC
9          );
10  end mux4to1;
11
12  architecture arch of mux4to1 is
13  begin
14    Q<=D0 when S="00" else
15       D1 when S="01" else
16       D2 when S="10" else
17       D3 when S="11" ;
18  end arch;
```

時序模擬

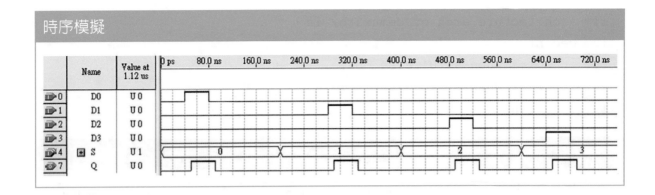

8-2-3 選擇性 Selected 的訊號設定 "with…select…when"

選擇性訊號設定是依據所選定的訊號內容依次判斷並執行符合條件的敘述，類似 C 語言的 CASE 指令，其基本語法為：

```
With  X  <= 訊號 A  when   選擇訊號的值 P ,
             訊號 B  when   選擇訊號的值 Q ,
                :
             訊號 N  when   others ;
```

代表的意義為：

1. 當選擇訊號的值＝P 時，則將訊號 A 指定給訊號 X。

2. 當選擇訊號的值＝Q 時，則將訊號 B 指定給訊號 X。

3. 上述判斷一直延續。

4. 當選擇訊號的值不等於上面的敘述時，則將訊號 N 指定給訊號 X。

以下我們就用 4 對 1 多工器做多行敘述範例：

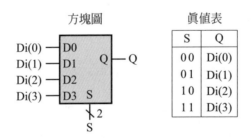

程式碼 mux4to1with.vhd

```
1   library IEEE;
2   Use IEEE.std_logic_1164.all;
3
4   entity mux4to1with is
5     port(
6           Di:in STD_LOGIC_VECTOR(3 downto 0);
7           S:in STD_LOGIC_VECTOR(1 downto 0);
```

```
 8              Q:out STD_LOGIC
 9         );
10 end mux4to1with;
11
12 architecture arch of mux4to1with is
13 begin
14  with S select
15   Q<=Di(0) when "00" ,
16       Di(1) when "01" ,
17       Di(2) when "10" ,
18       Di(3) when others ;
19 end arch;
```

時序模擬

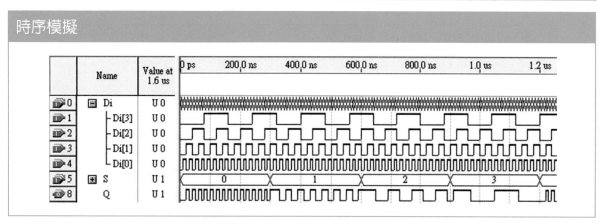

8-3　行為性描述 (Behavior Description)

行為模式是用 process 的敘述來描述硬體電路的行為模式，行為描述的風格與高階語言十分類似，其基本語法為：

```
Label：process (Sensitivity List)
      Declaration area ;
     begin
       Behavior statement ;
     end process Label ;
```

語法敘述的意義為：

1. Label：標籤名稱，可無可有。必須與 end process 後面的 Label 同步。

2. Sensitivity List：感應列，當括號內的訊號被改變時，在底下所有敘述就會立刻處理。

3. Declaration area：宣告 process 區域內所需要的物件與資料型態。

4. Begin…end process：為 process 所要處理的行為模式主體，通常使用 if…then…else 或 case…is…when 等具有順序性指令在此描述完成。

8-3-1　IF 敘述

IF 敘述是一種順序性的描述，只能在 process 或副程式 procedure 及 Function 搭配使用，基本語法為：

```
If 條件   then
    敘述區 ；
else
    敘述區 ；
End if ；
```

例：以 if…then…end if 設計一個正緣觸發的 D 型正反器。

答：程式的 Architecture 部分為：

```
if CK'event AND CK='0' then
    if(T='1') then
        Qn<=D;
    end if;
end if;
```

例：設計一個正緣觸發的 T 型正反器。

程式碼 t_ff.vhd

```
1  library IEEE;
2  Use IEEE.std_logic_1164.all;
3
4  entity t_ff is
5    port(
6            CK,T:in STD_LOGIC;
7            Q:out STD_LOGIC
8        );
9  end t_ff;
10
11 architecture arch of t_ff is
12 signal Qn:std_logic;
13 begin
14   process(CK,T)
15   begin
16     if CK'event AND CK='1' then
17       if(T='1') then
18         Qn<=not Qn;
19       end if;
```

```
20        end if;
21     end process;
22     Q<=Qn;
23  end arch;
```

時序模擬

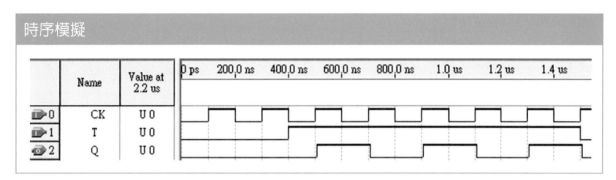

8-3-2　CASE…IS…WHEN 敘述

假設在電路中有多個判斷情況，使用 IF 敘述會比較冗長較無效率，此時可以使用 CASE 方式敘述，基本語法如下：

```
CASE 訊號物件 IS
    WHEN 訊號物件 1
        敘述區 1 ;
    WHEN 訊號物件 2
        敘述區 2 ;
            ⋮
END CASE ;
```

例：設計一個二對四解碼器。

程式碼 decoder2to4.vhd

```
1   library IEEE;
2   Use IEEE.std_logic_1164.all;
3
4   entity decoder2to4 is
5     port(
6             in1:in STD_LOGIC_VECTOR(1 downto 0);
7             Q:out STD_LOGIC_VECTOR(3 downto 0)
8         );
9   end decoder2to4;
10
11  architecture arch of decoder2to4 is
12  begin
```

```
13   process(in1)
14   begin
15     case in1 is
16       when "00" =>
17         Q<="0001" ;
18       when "01" =>
19         Q<="0010" ;
20       when "10"  =>
21         Q<="0100" ;
22       when "11" =>
23         Q<="1000";
24     end case;
25   end process;
26
27 end arch;
```

時序模擬

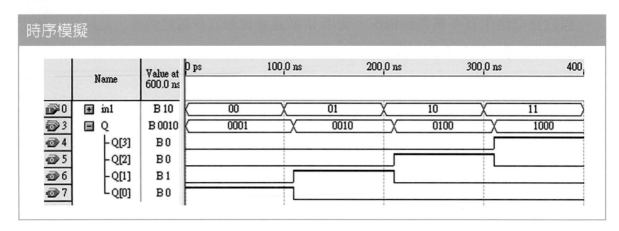

8-4 結構性描述 (Structure Description)

結構性描述主要透過元件的宣告與元件的叫用等方式，構成電路中各元件的連線關係，又稱為連線關係描述風格 (Netlist Description Style)，適用於模組化電路的設計，以下為結構性描述 NAND 閘範例：

1. 先製作 AND 與 NOT 閘

AND_2.vhd

```
1 library IEEE;
2 Use IEEE.std_logic_1164.all;
3
4 entity AND_2 is
5   port(
6             i1,i2:in STD_LOGIC;
```

```
 7              o1:out STD_LOGIC
 8          );
 9  end AND_2;
10
11  architecture arch of AND_2 is
12  begin
13      o1<=i1 and i2;
14  end arch;
```

INVERTER.vhd

```
 1  library IEEE;
 2  Use IEEE.std_logic_1164.all;
 3
 4  entity INVERTER is
 5    port(
 6              i1:in STD_LOGIC;
 7              o1:out STD_LOGIC
 8          );
 9  end INVERTER;
10
11  architecture arch of INVERTER is
12  begin
13      o1<=not i1;
14  end arch;
```

2. 透過 component 語法將 AND 與 NOT 結合

NAND_2.vhd

```
 1  library IEEE;
 2  Use IEEE.std_logic_1164.all;
 3
 4  entity NAND_2 is
 5    port(
 6              A,B:in STD_LOGIC;
 7              C:out STD_LOGIC
 8          );
 9  end NAND_2;
10
11  architecture arch of NAND_2 is
12  signal I:STD_LOGIC;
13      component AND_2
```

```
14      port( i1,i2:in STD_LOGIC;
15           o1:out STD_LOGIC);
16   end component;
17   component INVERTER
18      port( i1:in STD_LOGIC;
19           o1:out STD_LOGIC);
20   end component;
21 begin
22   cell1:AND_2 port map(i1=>A,i2=>B,o1=>I);
23   cell2:INVERTER port map(i1=>I,o1=>C);
24 end arch;
25 architecture arch of  NAND2  is
26
27 begin
28     F<=not A;
29 end not_gate_arch;
```

APPENDIX 附錄

附錄一　硬體腳位規劃說明

一、試題一：四位數顯示裝置

如下圖所示為抽指定接腳，由 A ～ E 共 5 種組合抽 1 組測試，非指定接腳由應檢人自行規劃。

A

J2												
P4	P5	P6	P8	P9	P11	P12	P14	P16	P18	P19	P20	P21
✓	✓	✓	✓	✓								

J3												
P24	P25	P26	P27	P28	P29	P31	P33	P34	P37	P39	P40	P41
✓	✓	✓	✓	✓								

B

J2												
P4	P5	P6	P8	P9	P11	P12	P14	P16	P18	P19	P20	P21
								✓	✓	✓	✓	✓

J3												
P24	P25	P26	P27	P28	P29	P31	P33	P34	P37	P39	P40	P41
								✓	✓	✓	✓	✓

C

J2												
P4	P5	P6	P8	P9	P11	P12	P14	P16	P18	P19	P20	P21
	✓	✓	✓	✓	✓							

J3												
P24	P25	P26	P27	P28	P29	P31	P33	P34	P37	P39	P40	P41
							✓	✓	✓	✓	✓	

D

J2												
P4	P5	P6	P8	P9	P11	P12	P14	P16	P18	P19	P20	P21
							✓	✓	✓	✓	✓	

J3												
P24	P25	P26	P27	P28	P29	P31	P33	P34	P37	P39	P40	P41
	✓	✓	✓	✓	✓							

E

J2												
P4	P5	P6	P8	P9	P11	P12	P14	P16	P18	P19	P20	P21
			✓	✓	✓	✓	✓					

J3												
P24	P25	P26	P27	P28	P29	P31	P33	P34	P37	P39	P40	P41
				✓	✓	✓	✓	✓				

腳位規劃的掃描七段顯示器、電晶體與電阻可規劃如下圖所示，再連接抽到的指定腳與自行規劃腳。

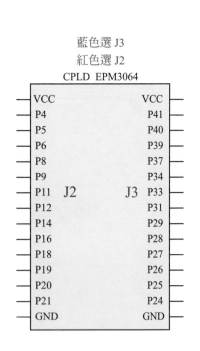

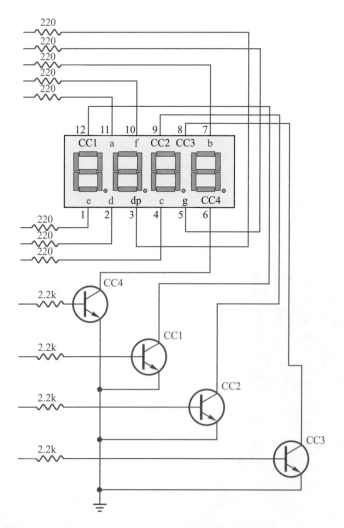

試題一腳位規劃參考

腳位 抽題	A	B	C	D	E
P4	DPX		DPX		
P5	g		g		
P6	CC4		CC4		DPX
P8	CC1		CC1		g
P9	CC2		CC2		CC4
P11	CC3		CC3		CC1
P12				DPX	CC2
P14		DPX		g	CC3
P16		g		CC4	
P18		CC4		CC1	
P19		CC1		CC2	
P20		CC2		CC3	
P21		CC3			

J2 表格

腳位 抽題	A	B	C	D	E
P41		b	b		
P40		f	f		
P39		a	a		
P37		e	e		
P34		d	d		b
P33		c	c		f
P31					a
P29	b			b	e
P28	f			f	d
P27	a			a	c
P26	e			e	
P25	d			d	
P24	c			c	

J3 表格

二、試題二：鍵盤輸入顯示裝置

如下圖所示為抽指定接腳，由 A～E 共 5 種組合抽 1 組測試，非指定接腳由應檢人自行規劃。

J2

	P4	P5	P6	P8	P9	P11	P12	P14	P16	P18	P19	P20	P21
A	✓	✓	✓	✓	✓								
B									✓	✓	✓	✓	✓
C		✓	✓	✓	✓	✓							
D								✓	✓	✓	✓	✓	
E							✓	✓	✓	✓	✓		

J3

	P24	P25	P26	P27	P28	P29	P31	P33	P34	P37	P39	P40	P41
A	✓	✓	✓	✓	✓								
B									✓	✓	✓	✓	✓
C								✓	✓	✓	✓	✓	
D				✓	✓	✓							
E					✓	✓	✓	✓	✓				

腳位規劃的七段顯示器、鍵盤與電阻可規劃如下圖所示，再連接抽到的指定腳與自行規劃腳。

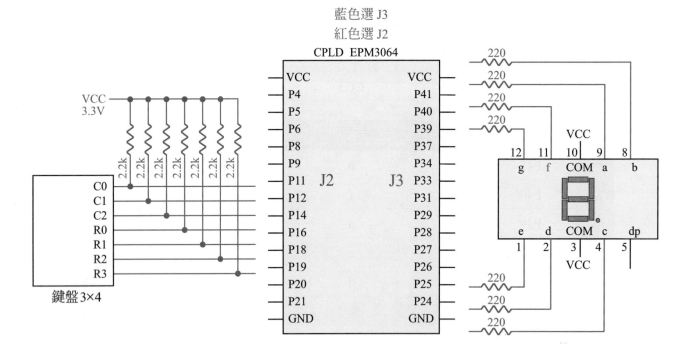

藍色選 J3
紅色選 J2

試題二腳位規劃參考

腳位 抽題	A	B	C	D	E
P4	C0		C0		
P5	C1		C1		C0
P6	C2		C2		C1
P8	R0		R0		C2
P9	R1		R1		R0
P11	R2		R2		R1
P12	R3	C0	R3	C0	R2
P14		C1		C1	R3
P16		C2		C2	
P18		R0		R0	
P19		R1		R1	
P20		R2		R2	
P21		R3		R3	

(左側標示：J2)

腳位 抽題	A	B	C	D	E
P41		b	b		
P40		a	a		
P39		f	f		
P37		g	g		
P34		e	e		b
P33		d	d		a
P31	b	c	c	b	f
P29	a			a	g
P28	f			f	e
P27	g			g	d
P26	e			e	c
P25	d			d	
P24	c			c	

(左側標示：J3)

試題二腳位規劃參考

讀者回函卡

掃 QRcode 線上填寫 ▶▶▶

姓名：＿＿＿＿＿＿＿＿　生日：西元＿＿＿＿年＿＿＿月＿＿＿日　性別：□男 □女

電話：（　　）＿＿＿＿＿＿＿＿　手機：＿＿＿＿＿＿＿＿

e-mail：（必填）＿＿＿＿＿＿＿＿

註：數字零，請用 Φ 表示，數字 1 與英文 L 請另註明並書寫端正，謝謝。

通訊處：□□□□□

學歷：□高中·職　□專科　□大學　□碩士　□博士

職業：□工程師　□教師　□學生　□軍·公　□其他

學校／公司：＿＿＿＿＿＿＿＿　科系／部門：＿＿＿＿＿＿＿＿

· 需求書類：

□ A. 電子 □ B. 電機 □ C. 資訊 □ D. 機械 □ E. 汽車 □ F. 工管 □ G. 土木 □ H. 化工 □ I. 設計

□ J. 商管 □ K. 日文 □ L. 美容 □ M. 休閒 □ N. 餐飲 □ O. 其他

· 本次購買圖書為：＿＿＿＿＿＿＿＿　書號：＿＿＿＿＿＿＿＿

· 您對本書的評價：

封面設計：□非常滿意　□滿意　□尚可　□需改善，請說明＿＿＿＿＿＿＿＿

內容表達：□非常滿意　□滿意　□尚可　□需改善，請說明＿＿＿＿＿＿＿＿

版面編排：□非常滿意　□滿意　□尚可　□需改善，請說明＿＿＿＿＿＿＿＿

印刷品質：□非常滿意　□滿意　□尚可　□需改善，請說明＿＿＿＿＿＿＿＿

書籍定價：□非常滿意　□滿意　□尚可　□需改善，請說明＿＿＿＿＿＿＿＿

整體評價：請說明＿＿＿＿＿＿＿＿

· 您在何處購買本書？

□書局　□網路書店　□書展　□團購　□其他

· 您購買本書的原因？（可複選）

□個人需要　□公司採購　□親友推薦　□老師指定用書　□其他

· 您希望全華以何種方式提供出版訊息及特惠活動？

□電子報　□ DM　□廣告（媒體名稱＿＿＿＿＿＿＿＿）

· 您是否上過全華網路書店？（www.opentech.com.tw）

□是　□否　您的建議＿＿＿＿＿＿＿＿

· 您希望全華出版哪方面書籍？＿＿＿＿＿＿＿＿

· 您希望全華加強哪些服務？＿＿＿＿＿＿＿＿

感謝您提供寶貴意見，全華將秉持服務的熱忱，出版更多好書，以饗讀者。

填寫日期：　　／　　／

2020.09 修訂

勘　誤　表

書號		書名		作者
頁數	行數	錯誤或不當之詞句		建議修改之詞句

我有話要說：（其它之批評與建議，如封面、編排、內容、印刷品質等・・・）